彩图 1　五行相生相克

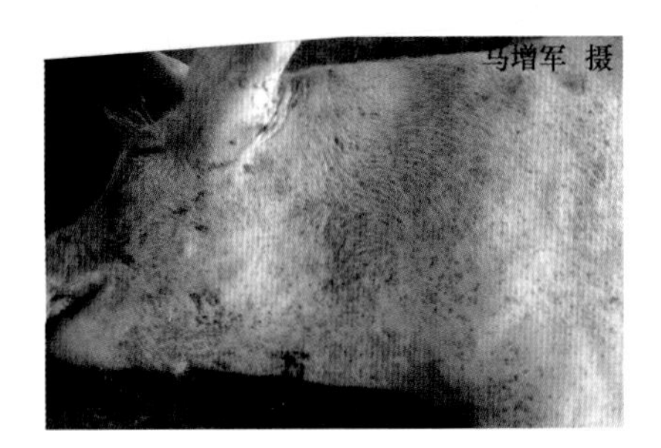

彩图 2　患猪瘟的猪皮肤有出血点

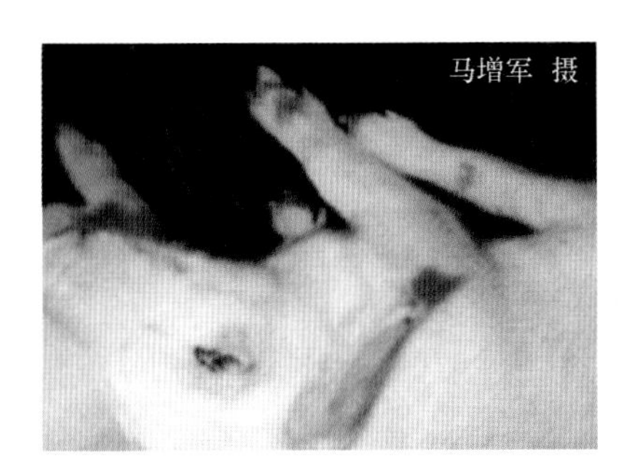

彩图 3　哺乳仔猪的蹄冠、蹄叉、蹄踵溃烂、出血，蹄壳脱落

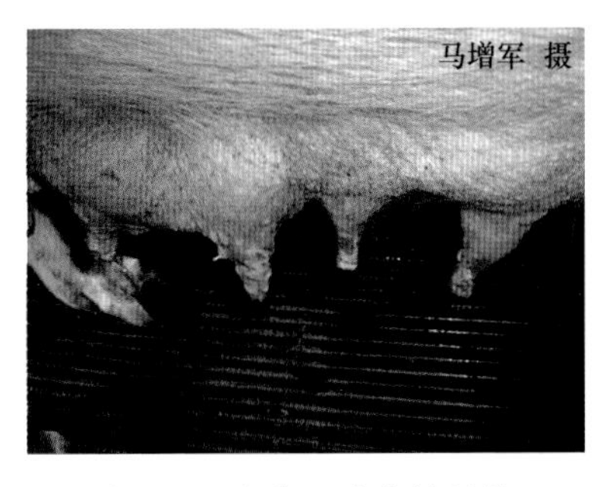

彩图 4　患猪口蹄疫的母猪乳头出现水疱

彩图 5　仔猪“虎斑心”

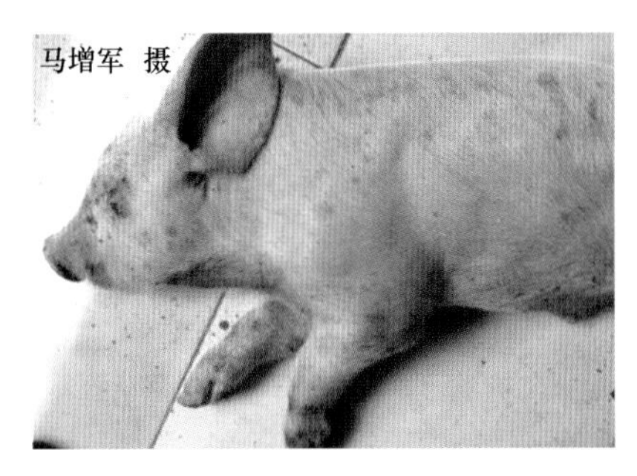

彩图 6　猪丹毒亚急性表现——皮肤菱形疹块

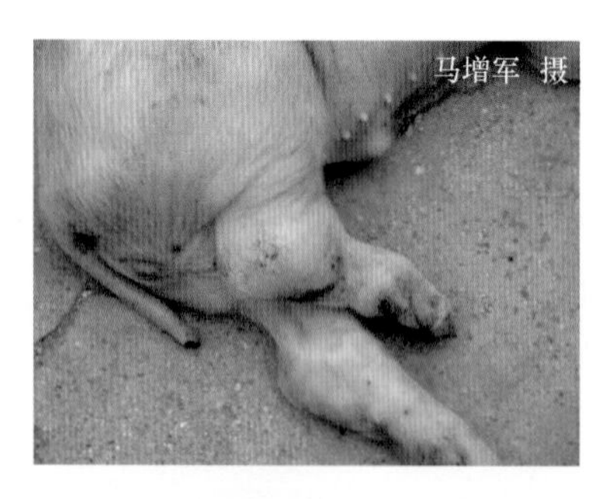

彩图 7 猪链球菌病——关节肿大

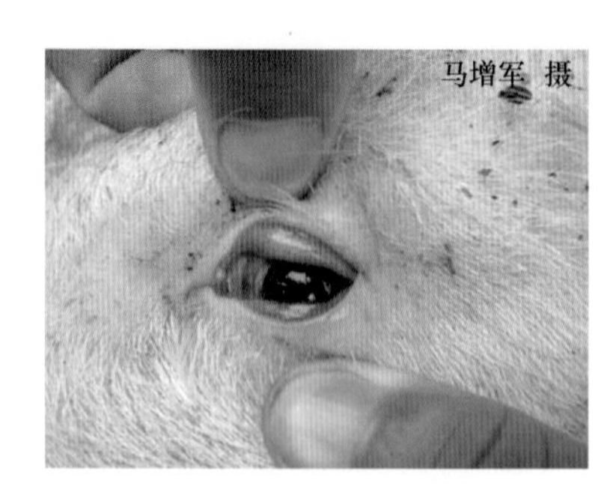

彩图 8 猪水肿病——眼睑水肿

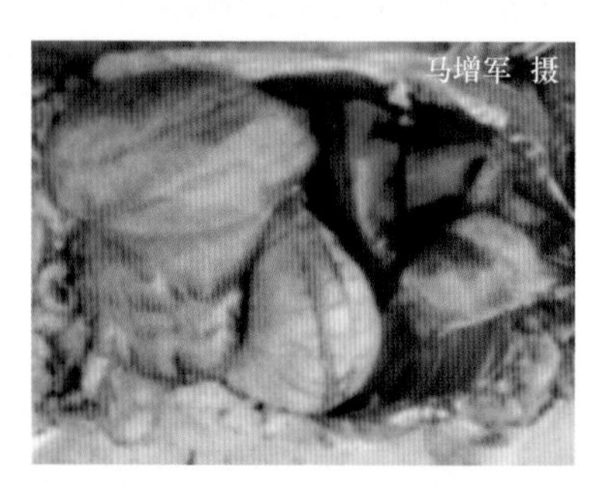

彩图 9 猪水肿病——结肠肠系胶冻样水肿

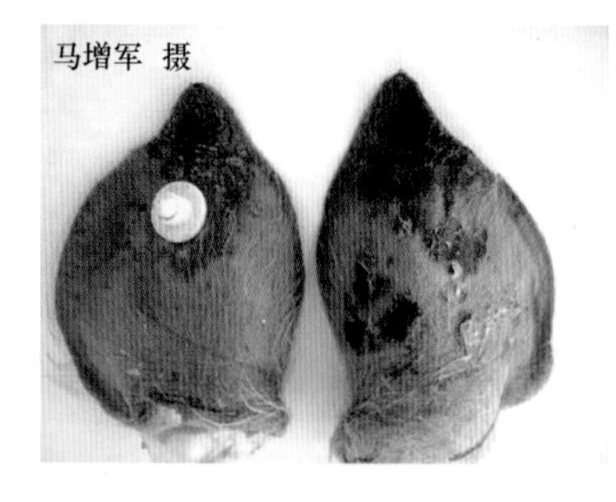

彩图 10 仔猪副伤寒——耳部皮肤干性坏疽

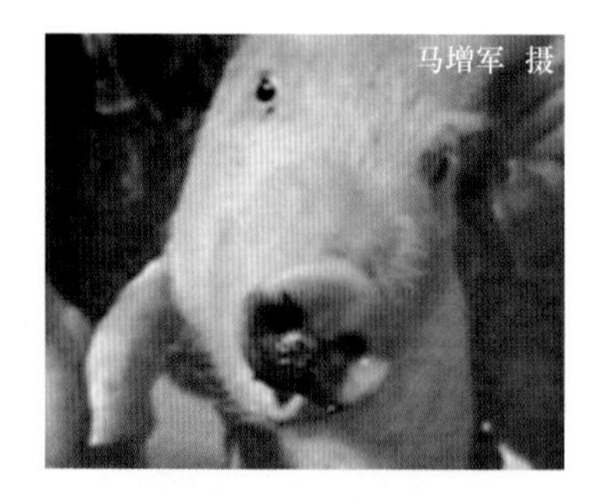

彩图 11 猪传染性萎缩性鼻炎——鼻出血

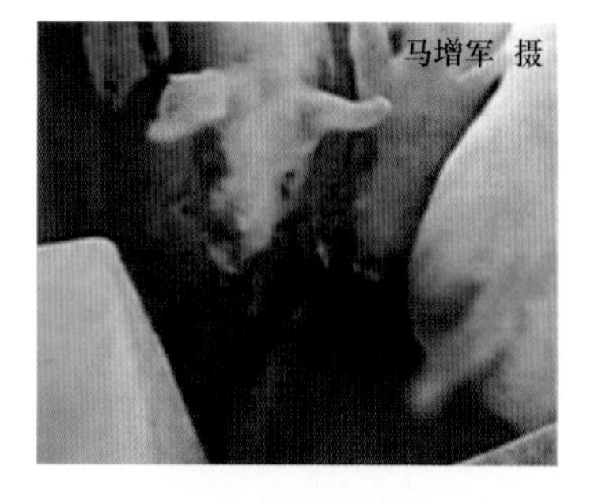

彩图 12 猪传染性萎缩性鼻炎——一侧鼻甲骨严重萎缩，鼻歪斜

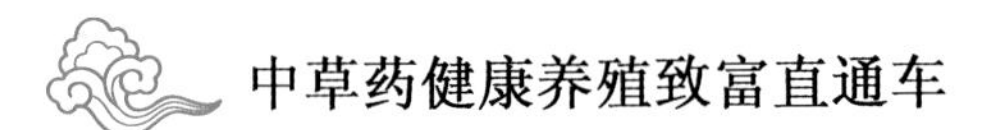

中兽医良方治猪病

主　编　李顺才
副主编　杜利强
参　编　张　坤　李红强

机 械 工 业 出 版 社

编者在学习继承我国中兽医药学的基础上，收集古今兽医诊疗验方和偏方，编写了本书。本书内容简明扼要，文字通俗易懂，主要介绍了中药治猪病的理论基础与诊断方法，猪常见传染病、寄生虫病、普通病的防治，以及猪常用中药饲料添加剂等，涉及常见猪病80余种，收载中药验方良方及含中药饲料添加剂方约500个。

本书适合畜牧兽医工作者和广大畜禽养殖人员阅读，也可供有关院校师生参考。

图书在版编目（CIP）数据

中兽医良方治猪病/李顺才主编. —北京：机械工业出版社，2020.1（2021.1重印）
（中草药健康养殖致富直通车）
ISBN 978-7-111-63422-5

Ⅰ.①中… Ⅱ.①李… Ⅲ.①猪病-中兽医学-验方 Ⅳ.①S858.28

中国版本图书馆CIP数据核字（2019）第173683号

机械工业出版社（北京市百万庄大街22号 邮政编码100037）
策划编辑：周晓伟 责任编辑：周晓伟 陈 洁
责任校对：张 力 佟瑞鑫 责任印制：孙 炜
保定市中画美凯印刷有限公司印刷
2021年1月第1版第3次印刷
147mm×210mm·5.875印张·1插页·200千字
4501—6400册
标准书号：ISBN 978-7-111-63422-5
定价：25.00元

电话服务
客服电话：010-88361066
010-88379833
010-68326294

网络服务
机 工 官 网：www.cmpbook.com
机 工 官 博：weibo.com/cmp1952
金 书 网：www.golden-book.com
机工教育服务网：www.cmpedu.com

前言

猪是驯化和饲养较早的动物之一，其饲养在我国已有五六千年的历史。在猪的长期饲养过程中，我国人民不断与包括猪病在内的畜禽疾病斗争，用于防治畜禽疾病的中药日渐被发现，并逐步发展为防治猪及其他畜禽疾病的重要手段。我国用中药防治猪病的成果在历代文献中多有记载。例如，《神农本草经》记载“桐叶饲猪，肥大三倍”。特别是《活兽慈舟》（李南晖，约 1873 年）、《猪经大全》（约 1891 年）等著作，陆续收载了一些防治猪病的中药及方剂。中华人民共和国成立后，中药防治猪病进入了一个蓬勃发展的阶段，中兽医学得到了前所未有的发展。近年来，国内外食品卫生要求越来越高，养殖单位深刻地认识到用中药防治猪病比西药更为理想、安全。因此，很多专家学者、兽药厂研发人员开始研究中药方剂，采用中药防治猪病，并创造出了许多新疗法和新剂型。利用中医“药食同源”的指导思想调整饲料营养，提高猪体抵抗力，不但在促进猪生产性能和疾病防治方面显示出有其独特的作用，而且为环保及人民身体健康做出了突出贡献。

编者在学习继承我国中兽医药学的基础上，总结国内专家学者与自己的科研和临床实践，收集古今兽医诊疗验方和偏方，编写了本书。本书内容简明扼要，文字通俗易懂，在介绍中药治猪病的理论基础与诊断方法之后，以 80 余种猪常见多发的传染病、寄生虫病、普通病为主，较为详尽地介绍了每种疾病的临床症状、病理变化及中西医施治良方，收载了中药验方良方约 500 个。书的最后简要地介绍了猪中药饲料添加剂的概念，并收载了猪常用中药饲料添加剂方 40 余个。

需要特别说明的是，本书所用药物及其使用剂量仅供读者参考，不可照搬。药方中未标明适用多少头猪的，均表示该药方中的药量供 1 头猪用。在实际生产中，所用药物学名、常用名与实际商品名称有差异，药物浓度也有所不同，建议读者在使用每一种药物之前，参阅厂家提供的产品说明，以确认药物用量、用药方法、用药时间及禁忌等。购买兽药时，执业兽医有责任根据经验和对患病动物的了解决定用药量，选择最佳治疗方案。

在本书编写过程中，参考了有关专家、学者的相关文献资料，在此表示感谢。由于编者水平有限，书中难免有不足和疏漏之处，恳请广大读者和同行批评指正。

编　者

目 录

第一章 中药治猪病的理论基础与诊断方法

第一节　基本学说

一、阴　阳

阴阳学说是古人在观察自然现象中归纳出来的，用以认识自然、解释自然、探求自然规律的一种宇宙观和方法论。前人发现万物万象都有正反两种属性，这种属性是对立而又统一的，普遍存在于一切事物中，所以就创立了阴阳学说，用阴阳这个名词代表一切事物中所存在着的对立统一关系。例如，天为阳，地为阴；日为阳，月为阴；昼为阳，夜为阴；火为阳，水为阴等。也就是说阴阳是指矛盾的两个方面，代表了事物两种相反的属性。中兽医用阴阳学说来说明兽医学上的基本问题，从而成为中兽医理论的思想体系，它贯穿于中兽医学生理、病理、诊断、治疗和药物各个方面，构成了一整套合乎客观实际的医疗方法，灵活地指导中兽医临床实践。

1. 生理方面

中兽医认为猪体的生理也能用阴阳学说加以解释。一般认为，识别阴阳的属性，以上下、动静、有形无形等为准则。概括起来，凡是向上的、运动的、无形的、温热的、向外的、明亮的、亢进的、兴奋的及强壮的均属于阳，凡是向下的、静止的、有形的、寒凉的、向内的、晦暗的、减退的、抑制的及虚弱的均属于阴。在生理上，以阳代表体表皮毛、肌肉、筋骨等，以阴代表体内脏腑，并以五脏贮藏精气为阴，六腑主司消化传导为阳。从位置上分：上焦为阳，下焦为阴；外侧为阳，内侧为阴。从物质和功能上分：血为阴，气为阳；体为阴，用为阳。每一处都存在着阴阳的属性，用以说明生理的特有性质和特殊属性。在正常生理状态下，动物体内存在阴阳相对的动态平衡。“阴平阳秘，精神乃治。”内外各种致病因素引起阴阳平衡紊乱，而动物体又不能自行恢复，则为病态。疾病表现阴阳偏盛和偏衰两个方面。治疗原则在于调整阴阳达到新的动态平衡。

2. 病理方面

根据发病部位和性质，表证属阳，里证属阴；热证属阳，寒证属阴；凡是机能衰弱，如少气、懒言、怕冷、疲倦、不耐劳动等多为阳的不足；物质的损失，如贫血、萎黄、遗精、消瘦等多为阴的不足。因而把一般症状分为阳虚、阴虚、阳盛、阴盛。阳虚的外面应有寒的现象，阴虚的里面应有热的现象；相反，阳盛的外面应该热，阴盛的里面应该寒。例如，阳盛的症状为发热、口干、呼吸粗促、胸中烦闷；阴盛的症状为怕冷、四肢不温，甚至战栗；但有时阴虚也能发生脉数、狂妄的类似热证；阳虚也会有腹内胀满等类似的寒证。概括地说，一切亢进的、兴奋的、有热性倾向的都归于阳证，衰弱的、潜伏的、有寒性倾向的都归于阴证。推而至于外科，阳证多是红肿发热，阴证多是白陷不发热。

3. 诊断方面

一般来说，凡口色红、黄、赤紫者为阳，口色白、青、黑者为阴。凡脉象浮、洪、数、滑者为阳，沉、细、迟、涩者为阴。凡声音高亢、洪亮者为阳，低微、无力者为阴；身热属阳，身寒属阴。口干而渴者属阳，口润不渴者属阴。躁动不安者属阳，蜷卧静默者属阴。舌质变化多属于血液的病变，色见红、绛，乃是血热属阳色；舌色浅或青，乃是血虚或血寒属阴色。舌苔的变化多系肠胃的病变，燥的、黄的属阳，潮的、白的属阴。

4. 治疗方面

阴阳偏盛偏衰是疾病发生的根本原因。阳盛则阴病，阴盛则阳病；阳盛则热，阴盛则寒，重寒有热象，重热有寒象。因此，泻其有余，补其不足，调整阴阳，使其重新恢复协调平衡就成为诊疗疾病的基本原则。对于阴阳偏盛者，应泻其有余，或用寒凉药以清阳热，或用温热药以祛阴寒；对于阴阳偏衰者，应补其不足，阴虚有热则滋阴以清热，阳虚有寒则益阳以祛寒。但也要注意“阳中求阴”“阴中求阳”，以使阴精、阳气生化之源不竭。

5. 用药方面

中药的药性主要是分别气味，一般以气为阳，味为阴。气又分四种，寒、凉属阴，温、热属阳；味分五种，辛、甘属阳，酸、苦、咸属阴；具有升浮、发散作用的药物属阳，而具沉降、涌泄作用的药物属阴。例如，肉桂、干姜、附子等具有辛热性的称作阳药；黄连、金银花、龙胆草等具有苦寒性的称为阴药。在临床用药上可以灵活地运用中药调整机体的阴阳，以期补偏救弊。热盛用寒凉药以清热，寒盛用温热药以祛寒，便是《黄帝内经》中所指出的“寒者热之，热者寒之”用药原则的具体运用。

中药的药理就是中兽医理论在中药学上的运用，要深明中药的气味，必须首先了解中兽医的阴阳学说，然后才能结合辨证恰当地用药。

6. 预防方面

由于猪体与外界环境密切相关，猪体的阴阳必须适应四时阴阳的变化，否则易引起疾病。因此，加强饲养管理，增强动物体的适应能力，就可以防止疾病的发生。正如《黄帝内经·素问·四气调神大论篇》所说：“春夏养阳，秋冬养阴，以从其根……逆之则灾害生，从之则疴疾不起……”

二、五　行

五行是指木、火、土、金、水构成宇宙中一切事物的五种基本物质。中兽医理论中的五行根据其自然特性，与脏腑的功能特点相联系，将脏腑分属五行（表1-1）。例如，木的特性是“曲直”，原指树木的枝条具有生长、柔和、能曲又能直的特性，后引申为凡有生长、升发、条达、舒畅等性质或作用的事物，均属于木。因肝性系条达而恶抑郁，主疏泄而有升、动的特点，故肝属木。火的特性是“炎上”，具有温热、蒸腾向上的特性。因心阳有温热之功，故心属火。土的特性是“稼穑”，是指土地有播种和收获农作物的作用，引申为凡有生化、承载、受纳等性质或作用的事物。因脾主运化水谷，疏松精微，为气血生活之源，有营养脏腑、四肢百骸之功，故脾属土。金的特性是“从革”，有变革、清洁、肃降的特点。因肺主司呼吸，肺气以肃降为顺，故肺属金。水的特性是“润下”，是指水有滋润下行的特点。因肾具有藏精、主水的功能，故肾属水。

表 1-1　五行归类表

五行	自然界						动物体						
	五味	五色	五化	五气	五方	五季	脏	腑	五体	五窍	五液	五脉	五志
木	酸	青	生	风	东	春	肝	胆	筋	目	泪	弦	怒
火	苦	赤	长	暑	南	夏	心	小肠	脉	舌	汗	洪	喜
土	甘	黄	化	湿	中	长夏	脾	胃	肌肉	口	涎	代	思
金	辛	白	收	燥	西	秋	肺	大肠	皮毛	鼻	涕	浮	悲
水	咸	黑	藏	寒	北	冬	肾	膀胱	骨	耳	唾	沉	恐

五行的关系主要有两个方面，即“相生”“ 相克”。五行相生是指五行之间存在着有序的资生、助长和促进的关系。五行相生的关系是这样的：木生火，火生土，土生金，金生水，水生木。在相生关系中，任何一行都有“生我”及“我生”两个方面的关系。“生我”者为母，“我生”者为子。以木为例，水生木，水为木之母；木生火，火为木之子。其他四行以此类推。五行相克是指五行之间存在着有序的克制和制约关系。五行相克的次序如下：金克木，木克土，土克水，水克火，火克金（彩图 1）。在相克关系中，也有“克我”及“我克”两个方面的关系。再以木为例，克木者为金，木克者为土，也就是金为木所“不胜”者，土为木所“胜”者。

上述五行相生和相克之间的关系，不是并行不悖的，而是相互为用的，也就是生克之间有密切的联系，即生中有克，克中有生。这种相互作用的关系称为制化关系，如木克土，土生金，金克木。制化关系是维持平衡的必要条件。没有生，就没有事物的发生和成长；没有克，事物就会因过分亢进而为害，就不能维持正常的协调关系。因此，必须有生有克，相反相成，如此才能维持和促进事物间的平衡协调和发展变化。否则有生无克，必使盛者更盛；有克无生，必使弱者更弱。在生克中还有一种反常现象，即我克者有时反过来克我，克我者有时反被我克。例如，水本克火，在某种情况下，火也能反过来克水，这就是相侮。总之，五行的生克制化是正常情况下五行之间相互滋生、促进和相互制约的关系，是事物维持正常的协调平衡关系的基本条件；而五行的相侮，则是五行之间生克制化关系失调情况下发生的异常现象，是事物间失去正常的协调平衡关系的表现。

三、治未病

治未病是采取预防或治疗手段，防止疾病发生、发展的方法。它包括未病先防、既病防变、已变防渐等多个方面的内容，这就要求人们不但要治病，还要防病，不但要防病，还要注意阻挡病变发生的趋势，并在病变未产生之前就想好能够采用的救急方法，这样才能掌握疾病的主动权。

1. 未病先防

未病先防就是在猪未发病之前，采取各种有效措施，预防疾病的发生。疾病的发生关系到邪正两个方面。邪气侵犯是导致疾病发生的主要条件，而正气不足是疾病发生的内在原因和根据，外邪通过内因而起作用。《黄帝内经》中有“正气存内，邪不可干”。所以，未病先防重在培养机体的正气，增强其抗邪能力。培养正气主要着手于以下3个方面：①加强饲养管理。猪的神志活动是脏腑功能活动的体现。突然强烈的精神刺激，或者反复的、持续的刺激，可以使猪体气机紊乱，气血阴阳失调而发病，而在发生疾病的过程中，情志变动又能使疾病恶化。养猪过程中保持环境稳定，避免强烈刺激，使猪精神愉快，则猪体的气机调畅，气血和平，正气旺盛，就可以减少疾病的发生。饲养管理活动应有规律，喂料要有节制，不可过饱或过饥，有汗和料后不能立即饮水。根据猪的活动节律，并适应四时时令的变化，安排在适宜的时间进行饲喂、清洗、消毒等，以达到预防疾病，增进健康和长寿的目的。在管理方面，提出圈舍要冬暖夏凉，经常打扫干净，适当运动，剧烈运动后待休息后方可饮水和饲喂等。适当的运动可使猪体气机调畅，气血流通，关节疏利，增强体质，提高抗病力，不仅可以减少疾病的发生，促进健康，而且对某些慢性病也有一定的治疗作用。②针药调理。就是根据地区、气候，以及动物体质的情况，采用放六脉血和灌四季药的方法来预防疾病，使猪更好地适应外界环境的变化，以减少疾病发生。③疫病预防。在饲养方面不能暴食暴饮，饮水和饲料必须清洁，不能混有杂物。根据当地疫病流行情况采取力所能及的防治办法，如隔离、免疫注射、预防性给药（利剂的使用，贯众、苍术等泡水，使动物饮用）、药熏（苍术、石菖蒲、艾叶、雄黄等药物燃烟熏棚舍的定期消毒）、粪便堆放发酵，以及搞好清洁卫生工作（水洁、料洁、草洁、槽洁、圈洁、动物体洁净等）等措施，以预防疾病发生。

2. 既病防变

如果疾病已经发生，就应及早诊断和治疗，以防止疾病的进一步发展与传变，这就叫作既病防变，也是治未病的重要内容。一般来说，疾病之初，病位较浅，病情多轻，病邪伤正程度轻浅，正气抗邪、抗损害和康复能力均较强，因而早期诊治有利于疾病的早日痊愈，防止因病邪深入而加重病情。猪体的各脏腑之间密切相关，一脏有病，可以影响它脏。疾病发生后，必须认识疾病的原因和机理，掌握疾病由表入里，由浅入深，由简单到复杂的发展变化规律，争取治疗的主动权，以防止其传变。例如，治疗肝病结合运用健脾和健胃的方法，这是因为肝病易传之于脾胃，健脾和健胃的方法便是治未病。

第二节　猪的解剖生理

一、五脏六腑

脏腑是内脏及其功能的总称，是猪体的重要组成部分。根据内脏的性质和作用分为五个脏、六个腑，又把另外一部分称为奇恒之腑和转化之府。五脏，即心、肝、脾、肺、肾，是化生和贮藏精气的器官，具有藏精气而不泻的特点。五脏中的心包络（简称心包），为心的外卫，有保护心脏的作用。也有人将其独立起来，五脏并列称为六腑列入又称六脏，但心包位于心的外廓，其病变基本同于心脏，故历来把它归属于心，仍称五脏。六腑，即胆、胃、大肠、小肠、膀胱、三焦（无三焦称五腑），是受盛和传化水谷的器官，具有传化浊物，泻而不藏的特点。脏与腑之间存在着阴阳、表里的关系。脏在里，属阴；腑在表，属阳；心与小肠、肝与胆、脾与胃、肺与大肠、肾与膀胱、心包络与三焦相表里。脏与腑之间的表里关系是通过经脉来联系的，脏的经脉络于腑，腑的经脉络于脏，彼此经气相通，在生理和病理上相互联系、相互影响。

1. 心

心的主要生理功能是主血脉和藏神。心开窍于舌，在液为汗。心的经脉下络于小肠，与小肠相表里。心在脏腑的功能活动中起主导作用，为机体生命活动的中心。心脏的功能正常与否，可以从脉象、口色上反映出来。心气旺盛、心血充足，则脉象平和，节律调匀，口色鲜明如桃花色；

反之，心气不足，心血亏虚，则脉细无力，口色淡白。心气衰弱，血行瘀滞，则脉涩不畅，脉律不整或有间歇，出现结脉或代脉，口色青紫等症状。心血不足，神不能安藏，则出现活动异常或惊恐不安。同样，心神异常，也可导致心血不足，或者血行不畅，脉络瘀阻。

2. 肝

肝的主要生理功能是藏血，主疏泄，主筋。肝开窍于目，在液为泪。肝有经脉络于胆，与胆相表里。肝藏血的功能失调主要有两种情况：一是肝血不足，血不养目，则发生目眩、目盲；或血不养筋，则出现筋肉拘挛或屈伸不利。二是肝不藏血，则可引起动物不安或出血。若肝气疏泄功能失常，气不调畅，可影响三焦的通利，引起水肿、胸水、腹水等水液代谢障碍的病变。

3. 肺

肺的主要功能是主气、司呼吸，主宣发和肃降，通调水道，外合皮毛。肺开窍于鼻，在液为涕。肺的经脉下络于大肠，与大肠相表里。肺主气的功能正常，则气道通畅，呼吸均匀；若病邪伤肺，使肺气壅阻，引起呼吸功能失调，则出现咳嗽、气喘、呼吸不利等症状；若肺气不足，则出现体倦无力、气短、自汗等气虚症状。

4. 脾

脾位于腹内，主运化、统血，主肌肉四肢。脾开窍于口，在液为涎。脾的经脉络于胃，与胃相表里。维持生命的力量主要是营养，脾能消化水谷，把食物的精华运输到全身。尚脾失健运，水谷运化功能失常，就会出现腹胀、腹泻、精神倦怠、消瘦、营养不良等症。脾又主运化水湿，即脾有促进水液代谢的作用。若脾运化水湿的功能失常，就会出现水湿停留的各种病变，如停留肠道则为泄泻，停于腹腔则为腹水，溢于肌表则为水肿，水湿聚集则成痰饮。

5. 肾

肾主藏精，主命门之火，主水，主纳气，主骨、生髓、通于脑。肾开窍于耳，司二阴，在液为唾。肾有经脉络于膀胱，与膀胱相表里。“精”是一种精微物质，由于肾脏藏有“先天之精”，为生命之源，故称肾为“先天之本”。肾藏精是指精的产生、贮藏及转输均由肾所主。肾所藏之精化生肾气，通过三焦，输布全身，促进机体的生长、发育和生殖。因而，临床上所见阳痿、滑精、精亏不孕等症，都与肾有直接关系。

6. 胆

胆为清净之腑，主要功能是贮藏和排泄胆汁，以帮助脾胃的运化。胆与肝相表里。胆汁的产生、贮藏和排泄均受肝疏泄功能的调节和控制。肝和胆在生理上相互依存、相互制约，在病理上也相互影响，往往是肝胆同病。例如，肝胆湿热，临床上常见到动物食欲减退、发热口渴、尿色深黄、舌苔黄腻、脉弦数、口色黄赤等症状，治宜清湿热，利肝胆。

7. 胃

胃主受纳，是指胃有接受和容纳饮食物的作用。由于脾主运化，胃主受纳、腐熟水谷，水谷在胃中可以转化为气血，而机体各脏腑组织都需要脾胃所运化气血的滋养，才能正常发挥功能，因此常常将脾胃合称为“后天之本”。由于胃需要把其中的水谷下传到小肠，故胃气的特点是以和降为顺。一旦胃气不降，便会发生食欲不振、水谷停滞、肚腹胀满等症；若胃气不降反而上逆，则出现嗳气、呕吐等症。

8. 小肠

小肠上通于胃，下接大肠。小肠的主要生理功能是受盛化物和分别清浊，即小肠接受由胃传来的水谷，继续进行消化吸收以分别清浊。清者为水谷精微，经吸收后，由脾传输到身体各部，供机体活动之需；糟粕中的水液归于膀胱，渣滓下注大肠，经由二便排出体外。

9. 大肠

大肠接受小肠糟粕，负责运输排泄，为整个消化过程的最后阶段。大肠的功能是传导糟粕，职司大便。大肠有病可见传导失常的各种病变，如大肠虚不能吸收水液，致使粪便燥化不及，则肠鸣、便溏；若大肠实热，消灼水液过多，致使粪便燥化太过，则出现粪便干燥、秘结难下等症。

10. 膀胱

膀胱司气化，主要功能为贮存和排泄尿液。膀胱为水液潴汇之处，气化不利，则小便癃闭；气化不约，则遗溺、小便失禁；若膀胱有热，湿热蕴结，可出现排尿困难、尿痛、尿淋漓、血尿等。膀胱的气化与肾有关系。若肾阳不足，膀胱功能减弱，不能约束尿液，便会引起尿频、尿液不禁；若膀胱气化不利，可出现尿少、尿秘。

11. 三焦

三焦是上、中、下焦的总称。三焦总司机体的气化、疏通水道，是水谷出入的通路。

二、气　血

1. 气

气是存在于动物体内的至精至微的物质，是构成动物体的基本物质，也是维持机体生命活动的基本物质。机体生命所赖者，唯气而已，气聚则生，气散则死。动物体是由天地合气而产生的，还要从自然界吸入清气，经脾胃消化吸收的水谷精微之气，再转化为宗气、营气、卫气、血、津液等，起到营养全身各脏腑器官，维持其生理活动的作用。气在体内依附于血、津液等载体。气的运动，一方面体现于血、津液的运行，另一方面体现于脏腑器官的生理活动。就其生成及作用而言，主要有元气、宗气、营气、卫气4种。元气是机体生命活动的原始物质及其生化的原动力。元气充，则脏腑盛，身体健康少病。反之，若先天禀赋不足或久病损伤元气，则脏腑气衰，抗邪无力，动物则体弱多病，治疗时宜培补元气，以固根本。宗气由脾胃所运化的水谷精微之气和肺所吸入的自然界清气结合而成。宗气充盛，则机体有关生理活动正常；若宗气不足，则呼吸少气，心气虚弱，甚至引起血脉凝滞等病变。营气是水谷精微所化生的精气之一，与血并行于脉中，是宗气贯入血脉中的营养之气。营气除了化生血液外，还有营养全身的作用。卫气主要由水谷之气所化生，是机体阳气的一部分，故有“卫阳”之称。若卫气不足，肌表不固，外邪就可乘虚而入。气的病症很多，临床常见的气病有气虚、气陷、气滞和气逆等。

2. 血

血是一种含有营气的红色液体。它依靠气的推动，循着经脉流注周身，具有很强的营养与滋润作用，是构成动物体和维持动物体生命活动的重要物质。血液主要来源于水谷精微，脾胃是血液的生化之源。故称脾胃为“气血生化之源”。再者，营气入于血脉有化生血液的作用。血具有营养和滋润全身的功能。血液充盈，则口色红润，皮肤与被毛润泽，筋骨强劲，肌肉丰满，脏腑坚韧；若血液不足，则口色淡白，皮肤与被毛枯槁，筋骨萎软或拘急，肌肉消瘦，脏腑脆弱。此外，血还是机体精神活动的主要物质基础。若血液供给充足，则动物精神活动正常。否则，就会发生精神紊乱的病症。

三、津　液

津液是动物体内一切正常水液的总称，包括各脏腑组织的内在体液及其分泌物，如胃液、肠液、关节液及涕、泪、唾等。津液广泛地存在于脏腑、形体、官窍等器官，起着滋润濡养的作用。同时，津液也是组成血液的物质之一。因此，津液不但是构成动物体的基本物质，也是维持动物体生命活动的基本物质。津液来源于饮食水谷，经由脾、胃、小肠、大肠吸收其中的水分和营养物而生成。津液的输布依赖于脾的转输、肺的宣降和通调水道及肾的气化作用，而三焦是水液升降出入的通道，肝的疏泄又保障了三焦的通利和水液的正常升降。其中任何一个脏腑的功能失调，都会影响津液的正常输布和运行，导致津液亏损或水湿内停等症。

四、十二经络

经络是经脉和络脉的总称，是机体联络脏腑、沟通内外和运行气血的通路。经络学说是研究机体经络系统的组织结构、生理功能、病理变化及其与脏腑关系的学说，是中兽医学理论体系的重要组成部分。经脉是经络系统的主干，主要由十二经脉、十二经别和奇经八脉构成（图 1-1）。经络能密切联系周身的组织和脏器，在生理功能、病理变化、药物及针灸治疗等方面都起着重要作用。脏与腑之间存在着阴阳、表里的关系，即脏在里，属阴；腑在表，属阳；心与小肠、肝与胆、脾与胃、肺与大肠、肾

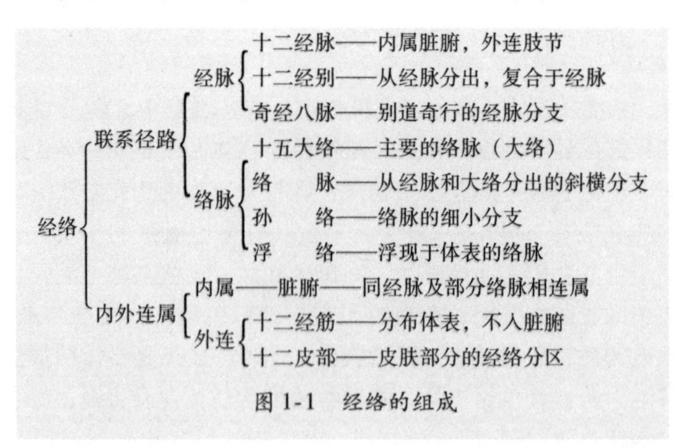

图 1-1　经络的组成

与膀胱、心包络与三焦相表里。脏与腑之间的表里关系，是通过经脉来联系的，脏的经脉络于腑，腑的经脉络于脏，彼此相通。这样，使动物体成为有机整体。

第三节　病因与病机

一、病　因

病因，即引起动物疾病发生的原因，中兽医学称之为“病源”或“邪气”。不同的致病因素会引起不同的病证，表现出不同的症状。根据疾病表现出的症状特征，就可以推断其发生的原因，而一旦知道了病因，就可以根据病因来确定治疗原则，称为“审因施治”。例如，以风邪为主引起的风湿症，应该用祛风为主的药物进行治疗。

1. 外感疫疠

疫疠经过口、鼻等途径，由外入内，属于外感病因。疫疠与六淫不同，不是由气候变化所形成的致病因素，而是一种人们的感官不能直接观察到的微小的物质（病原微生物），即“毒”邪，是具有很强传染性的一类外邪，也称瘟疫、疠气、毒气。由疫疠而致的具有剧烈流行性传染性的一类疾病，称为疫、疫疠、瘟疫（或温疫）等。疫疠流行有的有明显的季节性，称为“时疫”。例如，动物的流感多发生于秋末，猪乙型脑炎多发生于夏季蚊虫肆虐的季节。疫疠发病急骤，能相互传染，蔓延迅速，不论动物的年龄如何，染后症状基本相似。造成疫疠流行的因素主要有：①在引种、运输过程中，检疫、隔离不到位；②疫苗选择不合理，接种方法不合理，剂量高或低导致免疫接种失败；③环境卫生不良，如未能及时妥善处理因疫疠而死的动物尸体或其分泌物、排泄物，导致环境污染，为疫疠的传播创造了条件；④气候的反常变化，如非时寒暑、湿雾瘴气、酷热、久旱等，均可导致疫疠流行。预防疫疠应加强饲养管理，注意动物和环境的卫生；发现有病的动物，立即隔离，并对其分泌物、排泄物及已死动物的尸体进行妥善处理；进行预防接种。

2. 外感六淫

自然界有风、寒、暑、湿、燥、火（热）这些正常的气候现象，古时称作“六气”。六淫是指自然界风、寒、暑、湿、燥、火（热）6 种反常气候。当动物机体内外环境失调时，感受六淫后即能发病。其中除暑、燥二气在夏秋两季外，风、寒、湿、火四季均能发现，故外感病因又以这四气最多。

（1）风 风是春季的主气，但一年四季皆有，故风邪引起的疾病虽以春季为多，但也可见于其他季节。风性轻扬，善行数变，风胜则动，为百病之长，这是风邪的基本特点。风邪是外感病因的先导，寒、湿、燥、火（热）等邪往往都依附于风而侵袭机体。感染风邪致病，轻者在上焦气分为伤风，出现恶风、发热、头痛、鼻塞、流涕、咳嗽、声重；重者在经络脏腑为“中风”，出现口眼歪斜、半身不遂、猝然倒仆等症状。风性善行数变，风邪所致的病症具有发病急、变化快的特点，如荨麻疹（又称遍身黄），表现为皮肤瘙痒，发无定处，此起彼伏。

（2）寒 寒为阴邪，性主收引。寒邪最易损伤机体阳气。阳气受损，失于温煦之功，故全身或局部可出现明显的寒象。伤于体表为伤寒，呈现恶寒、发热、怕冷，皮紧毛乍等症状；直接伤于里者为“中寒”，呈现呕吐清水、腹痛、肠鸣、大便泄泻，并出现严重的肢冷、脉伏。

（3）暑 暑邪有明显的季节性，主要发生在夏至以后，立秋以前。暑邪属于阳邪，故伤于暑者，常出现高热、口渴、脉洪、汗多等一派阳热之象。夏暑季节，除气候炎热外，还常多雨潮湿。伤暑为感受暑、湿之邪，症见恶热，汗出、口渴，疲乏，尿黄，舌红，苔白或苔黄，脉象虚数。夏令烈日下长途运输、圈舍高温等，猪感受暑热，发热，猝然昏倒，汗出不止，口渴，气急，甚至昏迷惊厥，舌绛干燥，这就称为中暑。暑热往往挟有湿气，由于夏暑季节，除气候炎热外，还常多雨潮湿，故猪体在感受暑邪的同时，还常兼感湿邪，临床上，除见到暑热的表现外，还有湿邪困阻的症状，如汗出不畅、渴不多饮、身重倦怠、便溏泄泻等。

（4）湿 湿为重浊之邪，黏滞难化。湿邪为病，表现为猪体气机阻滞，脾阳不振，水湿停聚而胸闷脘痞、肢体困重、呕恶泄泻等，以及分泌物和排泄物如泪、涕、痰、二便等秽浊不清。伤湿也称表湿证，是湿邪犯表，发于多雨季节外感病初期，症见头胀而痛、胸前作闷、体倦、身重而痛等。湿邪与卫气相争，故发热，汗出而热不退。湿为阴邪，不伤津液，故口不渴。小便清长，舌苔白滑，脉濡或缓，是湿邪为患之征。湿邪侵入关节，气血不畅，故酸痛，湿性重滞，故感受重着，临床称之为“着痹”。

（5）燥 燥具有干燥、收敛清肃的特性，为秋季主气。因其多见于秋季，故又称“秋燥”。燥邪为病，易伤机体的津液，出现津液亏虚的病变，如口鼻干燥、皮毛干枯、眼干不润、粪便干结、尿短少、口干欲饮、干咳无痰等。燥邪为病，最易伤肺，引起肺燥津亏之证，如鼻咽干燥、干咳无痰或少痰等。肺与大肠相表里，若燥邪自肺而影响大肠，可出现粪便干燥难下等症。

(6) 火（热） 凡致病具有炎热升腾等特性的外邪，称为火（热）之邪。集约化养猪，由于密度大，宜受热邪侵袭。火邪致病，猪机体阳气亢盛，临床上表现出高热、恶热、面赤、脉洪数等明显现象。火邪既可以迫津液外泄而多汗，又可以直接消灼津液，出现口渴喜饮、咽干舌燥、小便短赤、大便秘结等伤津的症状；由于“壮火食气”和气随津耗，临床上还可出现体倦、乏力、少气等气虚症状。又因火有炎上的特性，故火邪侵犯机体，症状多表现在机体的上部，如心火上炎，口舌生疮；胃火上炎，齿龈红肿；肝火上炎，目赤肿痛等。火热之邪入于血分，聚于局部，腐蚀血肉，而发为疮疡痈肿，临床上以局部多红肿热痛为特征。

3. 内伤致病因素

内伤致病因素，主要包括饲养失宜和管理不当。

(1) 饮喂失宜 饲料、饮水是机体维持生命活动之气血阴阳的主要来源之一。饲料主要依靠脾胃消化吸收。如果饮喂失宜，首先可以损伤脾胃，导致脾胃的腐熟、运化功能失常，引起消化机能障碍；其次，还能生热、生痰、生湿，产生种种病变，成为疾病发生的一个主要原因。猪的饲喂饮食贵在有节。进食定量、定时谓之饮喂有节。若饥而不食，渴而不饮，或者饮食不足，久而久之，则气血生化乏源，就会引起气血亏虚，表现为体瘦无力、毛焦肷吊、倦怠好卧，以及成年猪生产性能下降，幼年猪生长迟缓、发育不良等。胃肠的受纳及传送功能有一定的限度，若饮喂失调，饲喂太过或乘饥渴而暴饮暴食，超过了胃肠受纳及传送的限度，就会损伤胃肠，出现肷腹膨胀、嗳气酸臭、气促喘粗等症状。例如，大肚结（胃扩张）、肚胀（肠鼓胀）等均属于饱伤之类。饮喂不洁，会引起多种胃肠道疾病，出现腹痛、吐泻、痢疾等；或者引起寄生虫病（如蛔虫），临床表现为腹痛、嗜食异物、面黄肌瘦等症状。若进食腐败变质的有毒饲料，可致食物中毒，常出现腹痛、吐泻，重者可出现昏迷或死亡。此外，在疾病过程中，饮喂不节还能改变病情，故有“食复”之说，如在热性病中，疾病初愈，脾胃尚虚，饮喂过量或吃不易消化的食物，常常导致食滞化热，与余热相合，使热邪久羁而引起疾病复发或迁延时日。

（2）胎传　胎传是指禀赋与疾病由亲代经母体而传及子代的过程。禀赋和疾病经胎传使胎儿出生之后易于发生某些疾病，成为一种由胎传而来的致病因素。胎传因素引起的疾病称为胎证、胎中病。胎弱又称胎怯、胎瘦，为仔、幼猪禀赋不足，气血虚弱的泛称。胎弱的表现是多方面的，如皮肤脆薄、毛发不生、形寒肢冷、筋骨不利、腰膝酸软，以及发育迟缓、五软、解颅等病症。胎毒指仔猪在胎妊期间受自母体毒火，因而出生后发生疮疹和遗毒等病的病因。胎毒多由种猪恣食肥甘或梅疮等毒火蕴藏于精血之中，隐于母胞，传于胎儿而成。胎毒为病，一指胎寒、胎热、胎黄、胎搐、疮疹等；二指遗毒，又名遗毒烂斑，即先天性梅毒，系胎儿染父母梅疮遗毒所致。由胎传因素而导致的疾病，包括了遗传性疾病和先天性疾病。遗传性疾病是指生殖细胞或受精卵的遗传物质染色体和基因发生突变或畸变所引起的疾病。先天性疾病是指个体出生即表现出来的疾病，如主要表现为形态结构异常，则称为先天性畸形。

（3）劳逸　劳逸包括过度劳累和过度安逸两个方面。正常的放牧运动锻炼，有助于气血流通，增强体质。必要的休息，可以消除疲劳，恢复体力，不会使猪致病。久役过劳可引起气耗津亏、精神短少、力衰筋乏、四肢倦怠等症状。种公猪因配种过度而致食欲不振、四肢乏力、消瘦，甚至滑精、阳痿、早泄、不育等，也属于劳伤。若长期停止使用或失于运动，可使机体气血蓄滞不行，或影响脾胃的消化功能，出现食欲不振、体力下降、腰肢软弱、抗病力降低等逸伤之证。种公猪缺乏运动，可使精子活力降低而不育；母猪过于安逸，可因过肥而不孕。

4. 其他因素

（1）外伤　外伤是指因受外力，如扑击、跌仆、利器等击撞，以及虫兽咬伤、烫伤、烧伤、冻伤等而致皮肤、肌肉、筋骨损伤。

（2）寄生虫　寄生虫是动物性寄生物的统称。寄生虫寄居于猪体内，不仅消耗其气血津液等营养物质，而且能损伤脏腑的生理功能，导致疾病的发生。寄生虫有内、外寄生虫之分。外寄生虫包括虱、蜱、螨等，寄生于猪体表，除引起猪皮肤瘙痒、揩树擦桩、骚动不安，甚至因继发感染而导致脓皮症外，还因吸吮猪体的营养，引起猪消瘦、虚弱、被毛粗乱，甚至泄泻、水肿等症。内寄生虫包括蛔虫、绦虫、蛲虫、血吸虫、肝片吸虫等多种，它们寄生在猪的脏腑组织中，除引起相应的病症外，有时还可因虫体缠绕成团而导致肠梗阻、胆管阻塞等症。

（3）中毒　有毒物质侵入机体内，引起脏腑功能失调及组织损伤，称为中毒。常见的毒物有有毒植物，霉败、污染或品质不良、加工不当的饲料，以及农药、化学毒物、矿物毒物及动物性毒物等。此外，某些药物或饲料添加剂用量不当，也可引起动物中毒。

（4）病理性因素 在疾病发生和发展过程中，原因和结果可以相互交替和相互转化。由原始致病因素所引起的后果，可以在一定条件下转化为另一些变化的原因，成为继发性致病因素。痰饮、瘀血、结石都是在疾病过程中所形成的病理产物。它们滞留体内而不去，又可成为新的致病因素，作用于机体，引起各种新的病理变化，因其常继发于其他病理过程而产生，故又称“继发性病因”。

二、病 机

中兽医的病因病机学说认为，猪体内部各脏腑组织之间，机体与外界环境之间，处于相对的平衡状态则健康无病，以维持机体正常的生理活动。疾病是机体自身的相对平衡状态在病因作用下遭到破坏，又不能自行恢复而导致疾病发生，它是“正邪相争”的结果。“正气”是指机体各脏腑组织器官的机能活动，以及其对外界环境的适应力和对致病因素的抵抗力；“邪气”泛指一切致病因素。猪机体的正气盛衰，取决于其体质和饲养管理等条件。临证治疗时，从猪体的整体出发，考虑五脏六腑的协调关系，还要把机体与外界环境结合起来，做到因时因地制宜。“审证求因”是指根据疾病表现出的症状特征，推断其发生的原因。“审因施治”就是根据病因来确定治疗原则和方法。

第四节 辨证诊治的原则与方法

一、辨 证

中兽医辨证方法有多种，主要有八纲辨证。八纲辨证是各种辨证的总纲。八纲辨证是根据四诊取得的材料，进行综合分析，以探求疾病的性质、病变部位、病势的轻重、机体反应的强弱、正邪双方力量的对比等情况，归纳为阴、阳、表、里、寒、热、虚、实八类证候，是中兽医辨证的基本方法，各种辨证的总纲，也是从各种辨证方法的个性中概括出的共性，在诊断疾病过程中起到执简驭繁、提纲挈领的作用，见表1-2。

表1-2　八纲辨证简表

八纲	病因与病机	辨证要点
表证	外邪客于皮毛肌腠，阻遏卫气正常宣发所致。多见于外感病的初期，一般起病急，病程短。表证有两个明显的特点：一是外感时邪，表证是由邪气入侵机体所引起；二是邪病轻，表证病位在皮毛肌腠，病轻易治	恶寒、发热并见，头身疼痛等症常见，舌象变化不明显，脉象多浮，内脏证候不明显
里证	表证不解，病邪传里，形成里证；外邪“直中”脏腑，称为里证；情志内伤，饮食劳倦，或脏腑气血失调，气血津液等受病。里证有两个特点：一是病位深在；二是病情一般较重	但热不寒或但寒不热，以脏腑证候为主，舌象多有变化，常见脉沉及其他多种脉象
寒证	外界寒邪侵袭，或过服生冷寒凉所致——实寒证；体弱、内伤久病，阳气耗损——虚寒证。总归为寒邪遏制阳气，或阳虚阴盛，失却温煦，津液未伤	恶寒喜暖，肢冷蜷卧，口淡不渴，痰涎、涕清稀，小便清长，大便稀溏，舌淡苔白润滑，脉迟或紧
热证	或阳邪侵袭，或体内阳热之气亢盛——实热证；体弱、内伤久病，阴液亏少，阳热偏盛——虚热证；总归为阳热盛，阴液耗，或阴液亏虚而火热偏旺	发热，恶热喜冷，口渴喜冷饮，目赤，烦躁不宁，痰、涕黄稠，吐血衄血，小便短赤，大便干结，舌红苔黄而干燥，脉数
实证	一是外邪侵入机体，正气奋起抗邪，病势较为亢奋、急迫；二是脏腑功能失调，气化障碍，导致气机阻滞，以及形成痰饮、水湿、瘀血等病理产物停积于体内所致	感受邪性质的差异、致病病理产物的不同，以及病邪侵袭、停聚的部位差别，有多重证候表现，临床一般是新起、暴病多实证，病情剧烈者多实证，体质壮实者多实证，症见寒热显著，疼痛剧烈，呕吐、咳喘明显，二便不通，脉实

（续）

八纲	病因与病机	辨证要点
虚症	可由于先天禀赋不足所导致，但主要是因为后天失养和疾病耗损所产生，使阴阳气血耗损，形成虚症	一般病、病势缓者多虚症，消耗过多者多虚症，体质弱者多虚症
阳证	邪气盛而正气未衰，正邪斗争亢奋的表现。多见于里证的实热证	精神兴奋，狂躁不安，口渴贪饮，耳鼻肢热，口舌生疮，尿液短赤，舌红苔黄，脉象洪数有力，腹痛起卧，气急喘粗，粪便秘结。外科疮痈红、肿、热、痛明显，脓液黏稠发臭
阴证	阳虚阴盛，机能衰退，脏腑功能下降。多见于里证的虚寒证	体瘦毛焦，倦怠肯卧，体寒肉颤，怕冷喜暖，口流清涎，肠鸣腹泻，尿液清长，舌淡苔白，脉沉迟无力。外科疮痈不红、不热、不痛，脓液稀薄而少臭味

1. 表里辨证

表里是说明病变部位深浅和病情轻重的两纲。一般来说，皮毛、肌肤和浅表的经络属表；脏腑、血脉、骨髓及体内经络属里。表证，即病在肌表，病位浅而病情轻；里证，即病在脏腑，病位深而病情重。

表证常具有起病急、病程短、病位浅的特点。表证的一般症状表现是舌苔薄白，脉浮，恶风寒（被毛逆立、寒战）。因肺合皮毛，故表证又常有鼻流清涕、咳嗽、气喘等症状。表证多见于外感病的初期阶段，主要有风寒表证和风热表证两种。表证的治疗宜采用汗法，又称解表法，根据寒热轻重的不同，或辛温解表，或辛凉解表。

里证与表证相对而言，是病位深于内（脏腑、气血、骨髓等）的证候。里证的成因大致有三种情况：一是表证进一步发展，表邪不解，内传入里，侵犯脏腑而成；二是外邪直接入侵脏腑而发病，如腹部受凉或过食生冷等原因可致里寒证；三是内伤七情、劳倦、饮食等因素，直接引起脏腑机能障碍而成，如肝病的眩晕、胁痛，心病的心悸、气短，肺病的咳嗽、气喘，脾病的腹胀、泄泻，肾病的腰痛、尿闭等。因此，里证的临床表现是复杂的，凡非表证的一切证候皆属里证。

病邪既不在表，又未入里，介于表里之间，而出现的既不同于表证，又不同于里证的证候，称为半表半里证，具有寒热往来、胸胁胀满、欲呕、不思饮食、目眩等特征性表现。

表里出入是疾病发展过程中，由于正邪相争，表证不解，可以内传变成里证，称为表邪入里；某些里证，其病邪可以从里透达向外，称为里邪外出。表邪入里表示病势加重，里邪外出反映病势减轻。

辨别表里要掌握其特征，尤其应该掌握表证的特征。例如，发热、恶寒并见的属表证；发热而没有恶寒，或仅有恶寒者多属里证。

2. 寒热辨证

寒热是辨别疾病性质的两纲，是用以概括机体阴阳盛衰的两类证候。一般来说，寒证是机体阳气不足或感受寒邪所表现的证候；热证是机体阳气偏盛或感受热邪所表现的证候。所谓"阳盛则热，阴盛则寒""阳虚则寒，阴虚则热"。辨别寒热是治疗时使用温热药或寒凉药的依据，所谓"寒者热之，热者寒之"。

引起寒证的病因主要有两种：一是外感风寒，或内伤阴冷；二是内伤久病，阳气耗伤，或在内伤阳气的同时又感受了阴寒邪气。寒证的一般症状是口色淡白或淡清、口津滑利、舌苔白、脉迟、尿清长、粪稀、鼻寒耳冷、四肢发凉等。有时还有恶寒，出现被毛逆立、肠鸣腹痛的症状。常见的寒证有外感风寒、寒滞经脉、寒伤脾胃等。

引起热证的病因也主要有两个方面：一是外感风热，或内伤火毒；二是久病阴虚，或在阴虚的同时又感受热邪。热证的一般症状表现是口色红、口津减少或干黏、舌苔黄、脉数、尿短赤、粪干或泻痢腥臭、呼出气热、身热，有时还有目赤、气促喘粗、贪饮、恶热等症状。常见的热证有燥热、湿热、虚热、火毒疮痈等。临证时，应辨清其为表热还是里热、实热还是虚热、气分热还是血分热等。

在一定的条件下，寒证可以转化为热证，热证也可以转化为寒证。寒证、热证的互相转化，反映着邪正盛衰的情况。由寒证转化为热证，表示机体正气尚盛；由热证转化为寒证，则代表机体邪盛正虚，正不胜邪。

3. 虚实辨证

虚实是辨别正气强弱和病邪盛衰的两纲。一般而言，虚指正气不足，虚证便是正气不足所表现的证候；而实指邪气过盛，实证便是邪气过盛所表现的证候。若从正邪双方力量对比来看，虚证虽是正气不足，但邪气也不盛；实证虽是邪气过盛，但正气尚未衰。辨别虚实是治疗时采用扶正（补虚）或攻邪（泻实）的依据，所谓"虚者补之，实者泻之"。

虚证的形成，或饮喂不足，或劳役过度，或因体质素弱（先天、后天不足），或因久病伤正，或因出血、失精、大汗，或因外邪侵袭损伤正气等原因而致“精气夺则虚”。虚证的一般症状表现是口色淡白、舌质如绵、无舌苔、脉虚无力、头低耳耷、体瘦毛焦、四肢无力，有时还表现出虚汗、虚喘、粪稀或完谷不化等症状。在临证中，常将虚证分为气虚、血虚、阴虚、阳虚等类型。

广义来讲，凡邪气亢盛而正气未衰，正邪斗争比较激烈而反映出来的亢奋证候，均属于实证。实证的形成，或是由病猪体质素壮，因外邪侵袭而暴病；或是因脏腑气血机能障碍引起体内的某些病理产物，如气滞血瘀、痰饮水湿凝聚、虫积、食滞等。临床表现由于病邪的性质及其侵犯的脏腑不同而呈现不同的证候，其特点是邪气盛，正气衰，正邪相争处于激烈阶段。实证的具体症状表现因病位和病性等的不同，有很大差异。但就一般症状而言，常见高热、烦躁、喘息气粗、腹胀疼痛、拒按、大便秘结、小便短少或淋漓不通、舌红苔厚、脉实有力等。一般来说，外感初病，证多属实；内伤久病，证多属虚。

4. 阴阳辨证

阴阳是辨别疾病性质的两纲，是八纲的总纲，即将表里、寒热、虚实再加以总的概括。一般表、实、热证属于阳证，里、虚、寒证属于阴证。阴证和阳证的临床表现、病因病机、治疗等已述于表里、寒热、虚实六纲之中。临床上，疾病虽然错综复杂，但均可分为阴证和阳证两种。

阴证是体内阳气虚衰、阴气偏盛的证候，在临床上的主要表现是体瘦毛焦、倦怠肯卧、体寒肉颤、怕冷喜暖、口流清涎、肠鸣腹泻、尿液清长、舌淡苔白、脉沉迟无力；在外科疮黄方面，凡不红、不热、不痛，脓液稀薄而少臭味者，均系阴证的表现。亡阴是阴液衰竭出现的一系列证候。亡阴临床上主要表现为精神兴奋、躁动不安、汗出如油、耳鼻温热、口渴贪饮、气促喘粗、口干舌红、脉数无力或脉大而虚，多见于大出血或脱水，或热性病的经过中。

阳证是体内阳气亢盛、正气未衰的证候，多见于里证的实热证。阳证在临床上的主要表现是精神兴奋、狂躁不安、口渴贪饮、耳鼻肢热、口舌生疮、尿液短赤、舌红苔黄、脉象洪数有力、腹痛起卧、气急喘粗、粪便秘结；在外科疮痈方面，凡红、肿、热、痛明显，脓液黏稠发臭者，均系阳证的表现。亡阳是阳气将脱所出现的一系列证候。亡阳临床上主要表现为精神极度沉郁或神志呆痴、肌肉颤抖、汗出如水、耳鼻发凉、口不渴、气息微弱、舌淡而润或舌质青紫、脉微欲绝，多见于大汗、大泻、大失血、过劳等患畜。

二、诊　法

猪病临床诊察的方法主要有望、闻、问、触四种。在临床运用时，只有将它们有机地结合起来，才能全面系统地了解病情，做出正确判断。

1. 问诊

问诊就是通过与有关饲养人员进行有目的的交谈，调查了解有关病情的一种方法，目的在于充分收集其他三诊无法取得的与辨证关系密切的资料。

（1）问基本情况　基本情况包括猪的年龄、体重、性别，是否注射过疫苗，是否驱过虫，有无与病猪接触史等。此外，尚需询问病猪是自繁自养的，还是由外地引进的。如果属于引进不久的，则应考虑原产地的疫病情况，引进后气候、水土及饲养管理条件的改变等对畜体发病的影响；如果属于自繁自养的，还应了解是否因运输而外出某些地区，结合当时各地区的情况进行诊断。

（2）问发病经过　一问发病时间，了解猪得的是急性病还是慢性病。一般来说，病猪的症状表现，通过望、闻、触是可以诊察到的，但就诊前的症状，发病后的采食与饮水情况，排粪、排尿情况，以及有无腹痛、咳嗽及其他异常表现，均需要通过问诊加以了解，这对探求发病原因很有帮助。问诊时主要是问发病的时间、起病时的主要症状、疾病发展的快慢及转变过程。这对于判断疾病的轻重、缓急、寒热、虚实有重要意义。从发病的时间和患病的天数可以了解病是在初期、中期还是后期，是急性病还是慢性病。对于突然发病，病势紧急，病情严重的病例，在询问病史时，应了解同群、同圈舍或附近猪患类似疾病的数目和比例，它种动物是否也有类似疾病发生等。这对判断是否为瘟疫流行，并及时采取防治措施是很重要的。如果同群、同圈舍或附近的猪同时发生症状类似的疾病，发病急促，数目较多，并伴有高热，则可能为瘟疫流行。如果无发热，并且为误食某种饲料后发病，可疑为中毒。如果发病不太急促，但数目很多，又无误食的可能，应考虑某些营养物质缺乏症。二问饮食与二便，以了解病情的轻重。肺热常出现大肠干燥，排便干，胃肠炎出现稀便。尿黄且量少，多为热症；尿色红，多为肾及膀胱炎症；尿淋漓，多为尿道结石。三问喝水情况，如患猪瘟的猪喜欢用嘴吸喝少量凉水、臭水。

（3）问治疗经过 问用过什么药，效果如何，用药方式与药量，用药后有何种变化和反应等。了解这些情况对于疾病的确诊，合理用药，提高疗效，避免医疗事故的发生，以及判断预后等都非常重要。

（4）问饲养管理及使用情况 应了解饲料的种类、来源、品质、调制和饲喂方法等情况。例如，饥饱不匀，空肠而饮冷水，或突然改变饲料，或饲料霉败不洁等，容易引起腹痛、腹胀、腹泻等胃肠道疾病。应了解圈舍的保暖、通风、防暑、光照条件及饲槽、厩舍及畜体卫生条件等。如果圈舍寒冷、污秽、潮湿、泥泞，均易引起风寒感冒、风湿痹痛、蹄病及肺经病等。如果猪体卫生不良，常会引发皮肤病。饲槽不洁，常引起脾胃病。公畜配种过于频繁，往往导致性欲降低、滑精、阳痿等肾虚证。母畜在胎前产后容易发生某些胎产病，如产前不食、难产、胎衣不下等。

（5）其他 了解以往病情有助于新病的诊断和防治。例如，患过猪瘟，一般情况下，以后不再复发此病；曾发生过破伤，可能引起破伤风。了解病猪的生殖情况，不但有助于疾病的诊断，而且有助于治疗时正确用药。例如，产前应避免使用妊娠禁忌药，而在哺乳期应注意药物对乳汁和幼猪的影响等。幼猪的某些疾病，如仔猪孱弱、脐风等，与公、母猪的配种和胎产情况有密切关系，需要询问清楚。

2. 望诊

望诊就是运用视觉，对病猪全身和局部的一切可见征象及排出物等进行有目的的观察，以了解其健康或疾病状态，从而获得有关病情资料的一种方法。中兽医学诊断疾病的特点，是通过外部体表各种征象的观察，来判断内部脏腑是否有病，即“观其外而知其内”。所以，中兽医中的望、闻、问、触四诊以望诊为先，尤其是察口色，是中兽医学的特色。之所以能够做到“观其外而知其内”，原因是存在着由内脏到体表的功能系统。内部脏腑的功能活动、机能状态在体表都可反映出来。例如，肝-胆-筋-目，组成肝系统，脾-胃-肌肉-口唇组成脾系统，肺-大肠-皮毛-鼻组成肺系统，肾-膀胱-骨-耳组成肾系统。这样，就很容易理解为什么中兽医看到猪的眼睛红肿就认为是肝火了。望诊时，不要急于靠近病猪，首先应站在距病猪适当的地方，对病猪全身各部位进行一般性观察，注意其精神、形体、被毛、动态、呼吸、腹围、站立姿势等有无异常，然后由前向后，从头颈部看到胸腹部，再看其背腰部、臀部及四肢，注意有无异常表现。

（1）望汗 鼻端汗珠均匀地分布于鼻盘，是无病的表现。鼻端发干无汗，多为热性病，如猪丹毒等症。吻突上部硬而干裂，多见于长时间的发热、津液枯耗之症，如慢性猪瘟等。鼻盘稍干、鼻孔有清水或鼻涕流出，多见于猪感冒。

（2）望精神　望精神就是观察猪体生命活动的外在表现，即观察猪的精神状态和机能状态。在正常情况下，猪性情活泼，不时拱地，被毛光润，鼻盘湿润，目光明亮有神，行走时不时摆尾，贪食，当人呼唤叫食时即应声而望或速向食槽跑来，饱后多睡卧。一旦患病，很快就表现出异常动态。一般有病的猪精神较差，目光呆滞，耳不扇，尾不摇，喜欢独立，或者蜷卧在猪栏一角，被毛粗乱等。在暑期发现猪神昏似醉，躺地不起，上下眼皮不停抖动，目不视物，多为热射病。若猪兴奋不安，有时盲目运动，乱走、乱撞或卧地不起，挣扎起立时呈游泳状，多见于脑炎等症。若突然倒地抽风，过后起来照常吃食，多是脑囊虫病。若目直视，低头而奔，精神异常，咬物伤人，为猪狂犬病。若皮肤紧硬，尾上举，四肢如柱，眼急惊狂，一触即惊，并发尖叫声，为猪破伤风症。若低头不食，眼发直，不愿走动，呆立一隅，如失魂状，见于猪胆道蛔虫症。

（3）望形态　观察病猪的形态、动态，有时可能帮助直接推断为某些疾病。若猪站立艰难，疼痛难忍，弓腰踏脚，立时痛叫，为骨质疏松症。若体态无异常变化，就是不吃食，应考虑异物卡嗓症。若猪气粗喘急，颌下硬肿，咳嗽连声，口鼻流出黏液，步态不稳，甚至伸头低项，张口喘息，多为猪肺疫。若病猪注射疫苗或某些药物后不久突然兴奋不安、口吐白沫、间歇痉挛甚至倒地，可能是过敏反应。若病猪咳嗽缠绵不愈，鼻咋喘粗，两肷扇动，甚或张口喘息，气如抽锯，或者呈犬坐姿势，常为喘气病。若猪突然不吃，体表发热，呼吸喘促，眼红流泪，鼻流清涕，浑身寒战，多为外感热证（感冒）。若猪的四肢突然瘫软，躺地不动，体表发凉，眼闭不睁，心跳加快，眼球懒动，见于仔猪低血糖症、缺硒症或水肿病。若出生后1~4天的仔猪，精神委顿，痉挛倒地，四肢划动，口嚼白沫，有可能为低血糖症。若猪站立时后肢张开，卷尾少动，弓腰努责，卧多立少，粪球干小或不见排粪，多为便秘。若猪食欲停止，喜立少卧，反胃呕吐，常为胃内宿食停滞。若猪去势后不久或身有破伤时出现四肢僵直，牙关紧闭，口流涎沫，耳紧尾直，可能为破伤风症。若猪卧地不起，声音嘶哑，四肢发凉等，多属危症。

（4）望皮毛　皮毛为猪一身之表，是机体抗御外邪的屏障，其变化可反映出动物的营养状况和气血的盛衰，以及肺气的强弱。检查皮毛状态，主要应注意被毛、皮下组织的变化及体表在外科病变的有无及其特点。检查时，应注意其全身各部位皮肤的病变，除头部、颈侧、胸腹侧外，还应仔细检查其会阴、乳房及趾球、趾间等部。被毛检查应注意被毛的光泽、长度、色泽、卷曲、脱落等情况，并正确区分正常换毛与疾病引起的脱毛。健康猪的皮肤柔软而有弹性，被毛平顺而有光泽，随气候的变化一年换毛2次。被毛蓬乱而无光泽或大面积脱毛常是营养不良的标志，可见于内寄生虫病、结核病等慢性消耗性疾病，以及营养物质不足、长期消化紊乱。局部脱毛处应注意皮肤病或外寄生虫病。表现为脱毛症的常见疾病有疥螨病、虱病、蚤病、皮肤真菌病等。白色皮肤部分，颜色变化很容易辨识，皮色改变可表现为苍白、黄染、发绀及潮红与出血斑点等。皮肤苍白乃贫血之症，可见于幼猪贫血、营养不良、维生素缺乏症、蛔虫感染等引起的各型贫血。皮肤黄疸可见于肝病。皮肤发绀可见于多种中毒病，尤以亚硝酸盐中毒最为明显。猪体表是否出现血红色斑点及斑点特征，在诊断常见传染病时有较大的意义。例如，猪瘟和猪丹毒，病猪的股内、腹部等处均可能发生红斑，但患猪瘟的猪，其身上的红斑多为点状，斑出不齐，斑形不定，抚之不碍手，指压不褪色；而患猪丹毒的猪，其身上的红斑多为块状，呈方块形或菱形，抚之碍手，指压褪色。

（5）望饮食　望饮食包括观察饮食欲、饮食量、采食动作和吞咽、咀嚼情况等。猪食欲减退，多见于各种疾病的初期。但在某些正常生理情况下，如母猪发情期、母猪在仔猪断乳时、仔猪散窝初期，也可能减食，这时应注意区别。猪只想吃而不敢吃，需要检查口腔内是否有异物或创伤，食道是否阻塞。吃初很欢，吃中忽停，似食物对胃有刺激状，见于猪慢性胃炎症。幼猪异嗜行为，如嗜食沙土、粪尿、毛、木等，常见于矿物质或微量元素缺乏的病症。如果病猪连续数日不思饮食，则病情严重，多预后不良；如果病猪经过治疗，饮食逐渐增加，属疾病好转的表现。健康猪的唇舌运动灵活，咀嚼有力，吞咽自如。若猪采食动作异常，如欲食而口紧难开，多见于唇舌麻木肿痛或破伤风牙关紧闭等症。若猪患口疮、生长贼牙、牙齿磨灭不齐及幼猪换牙，可见咀嚼缓慢无力，小心或有疼痛。

（6）望呼吸　健康猪呼吸频数为每分钟10～20次，呼吸时，胸部、腹部起伏协调、节奏均匀，即平和的胸腹式呼吸。虚寒证，呼吸多慢而低微；实热证，呼吸多快而壅盛。呼吸频数增多，常见于一些急性热性病；猪气喘病、猪肺疫等腹式呼吸明显，猪瘟则胸式呼吸明显，临床应予以鉴别。呼吸时，若腹部起伏加快加深，多为胸内有病，如胸痛、肋骨骨折等；若胸部起伏加快加深，多为肚腹内有病，常见于肚胀、腹膜炎等。若呼气延长，呼多吸少，属肾不纳气。在患病过程中，病猪呼吸哽噎，张口咽气，不相接续，往往是病症重危，气机将绝的表现。

（7）望粪尿 望粪尿就是观察粪尿的数量和颜色、气味、形态等性状的变化。如果粪便干硬、排便次数减少、排便困难，常见于原发性便秘或某些急性热性病，如猪瘟、流感等初期。患有寄生虫病时，有时粪便中可检出蛔虫、绦虫体节等。粪泻如水，带有绿色或浅棕色，多为病毒性腹泻；粪泻如潮状，嗅有臭味，一般细菌性腹泻居多。出生几天内的仔猪排黄色或白色稀粪，则是仔猪黄痢、仔猪白痢。仔猪补料初期及断乳前后粪便稀泻，并混有未消化的饲料，则可能为消化不良。粪便带血，称为便血，有远血、近血之分。近血，血色鲜红，先血后便，多为直肠、肛门出血；远血，血色深褐或暗黑，先便后血或粪血混杂，多见于胃肠前段出血；若粪表面带有血块或血丝，多为肠壁损伤。

尿色深而量少，多属热证；尿色浅而量多，多属寒证。尿液色红带血者，称为血尿，其色鲜红或夹有凝血块者，多为外伤性因素引起，常见于肾出血、尿道出血。尿液完全不能排出，称为尿闭，多为气滞，常见于膀胱麻痹及膀胱括约肌痉挛等。排尿失禁或遗尿，多属肾虚，常见于脊髓挫伤及虚脱症。

3. 闻诊

闻诊是通过听觉和嗅觉了解病情的一种诊断方法，包括闻声音和嗅气味两个方面。

（1）闻声音 声音包括叫声、呼吸音、咳嗽声、咀嚼及肠音等。健康猪呼吸平和，一般不易听到声音。健康猪在求偶、呼群、唤子等情况下，往往发出洪亮而有节奏的各种叫声。鉴别小猪健康与否，可一只手抓住猪的后脚，倒提起来，另一只手以拇指和其他四指分别在猪的腰下软肉处上掐下顶，令猪叫唤，如果当时叫声长而洪亮，一般为健康；如果叫声无力，一般为有病。剧烈运动时，呼吸音变粗大。在疾病过程中，若病猪气息平和，表示病情较轻；若气息不调，则病情较重。呼吸时气息急促称为喘。咳嗽是肺经病的一个重要证候。咳嗽时，病猪可能出现各种异常表现。例如，患气喘病病猪，咳嗽次数逐渐增多，随着疾病的发展而发生呼吸困难，表现为明显的腹式呼吸，急促而有力，严重的张口喘气，像拉风箱似的，有喘鸣音。

（2）嗅气味 气味包括口气、鼻气，以及脓、粪、尿带的气味等。

健康猪口内无异臭，带有饲料味。口臭提示口腔或胃有病，呼出气体恶臭提示肺部有病。皮肤和呼出气体散发尿臭，提示有尿毒症的可能。阴道分泌物有腐败臭味，提示子宫积脓。出现体臭见于齿槽脓肿、肛门脓肿、胃肠病、外耳炎、全身性皮炎等，特别是患全身性脓疱性毛囊虫症、湿疹时，散发出难闻的气味。鼻流黄色或黄白色脓涕，有尸臭气味，多属肺败，也见于异物呛肺后期、肺脓肿及鼻疽等。一侧鼻孔流出黏稠的灰白色或黄白色鼻液，气味恶臭，多为鼻旁窦蓄脓。粪便气味腥臭，多为痢疾；如果气味酸臭，多为消化不良性腹泻（伤食泻）。

4. 触诊

触诊是用手对病畜各部位进行触摸按压，以探查冷热温凉、软硬虚实、局部形态及疼痛感觉等方面的变化，获取有关病情资料的一种诊断方法。

（1）触凉热　触凉热就是用手触摸猪体有关部位温度的高低，以判断寒热虚实的一种方法。现在的体温计测定，一般用兽用体温计测量其肛门内的直肠温度。猪体温测定的方法：先将体温计的水银柱甩至35℃以下，涂少许润滑剂，将体温计沿猪肛门顺着直肠缓慢地插入，过3～5分钟后取出，用酒精棉将其擦净，读取数值。健康猪的体温为38～39.5℃；仔猪的体温为38～40℃。健康猪的体温一般均为上午体温偏低，下午的体温偏高，上、下午体温相差0.2～0.5℃。当猪的体温高于正常值时可认为是发热，通常体温升高1℃以内叫微热，升高1～2℃叫中热，升高2℃以上者叫高热。健康猪的体表和四肢不热不凉，温湿无汗。若体表和四肢偏热，病多属热；体表和四肢偏凉，病多属寒。健康猪的四肢末端偏凉，但不冰冷。若四肢冰冷，称为厥冷，属寒极阳气将竭，病多重危。

（2）按肿胀　按肿胀主要为了诊断肿胀的性质、形状、大小及敏感度等方面的情况。肿胀坚硬如石，多为骨肿；肿胀坚韧，多为肌肿或筋胀；手压有痕，多为水肿；按压软而有波动感，则为脓肿、血肿或淋巴外渗。如断乳仔猪在眼睑、头、颈部，甚至全身水肿，为仔猪水肿病；猪四肢关节肿胀，并有热、痛感，为关节炎；公猪阴囊或脐部肿胀，但将猪倒提或仰卧，肿胀消失，为阴囊疝或脐疝。

（3）摸脉搏　摸脉搏部位，小猪一般在后腿内侧的股动脉部，大猪在尾底部动脉。摸脉搏时，诊者应蹲于病猪的侧面，手指沿腹壁由前到后慢慢伸入股内，摸到动脉即行诊察，体会脉搏的性状（图1-2）。摸脉搏时，应注意环境安静。病猪若刚刚经过较剧烈的劳役和运动，应先使其休息片刻，待停立安静，呼吸平稳，气血调匀后再行切脉。医者也应使自己的呼吸保持稳定，全神贯注，仔细体会。健康猪的正常脉象表现为不浮不沉、不快不慢，每分钟60～80次，节律均匀，中和有力，连绵不断，通常称平脉。若脉跳的频率、高度，脉管的充实度、紧张度及脉跳的节律性出现异常，即统称为病脉。感触脉搏的次数和强度，也可用听诊器贴心脏部位（一般贴左胸壁部），心跳的次数即脉搏的次数。脉搏数增加见于各种发热性疾病、心脏病、贫血及疼痛等。脉搏数减少见于颅内压增高的疾病（如脑积水）、药物中毒、心脏传导阻滞、窦性心动过缓等。

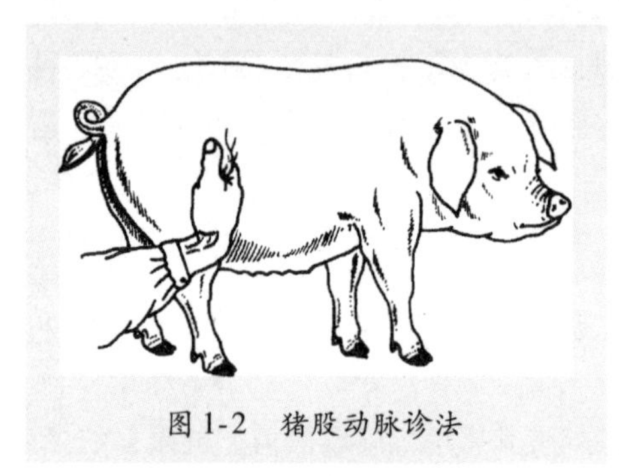

图1-2　猪股动脉诊法

三、治　则

治则就是治疗动物疾病的法则，从整体观念出发，在阴阳五行学说指导下，将四诊所得的信息进行分析、归纳，做出辨证，然后根据情况制订出相应的治疗原则。治则包括治病求本、扶正与祛邪、调整阴阳、正治与反治、同治与异治、三因制宜等方面的内容。

1. 治病求本

本指疾病的本质；标指疾病的现象。具体来说，标本的含义是多方面的。从正邪两方面说，正气为本，邪气为标；从疾病而说，病因为本，症状为标；从病位内外而分，内脏为本，体表为标；从发病先后来分，原发病（先病）为本，继发病（后病）为标。治病求本是指在治疗疾病时，必须寻求出疾病的本质，针对本质进行治疗。疾病的发展变化，尤其复杂的疾病，常常盘根错节，矛盾万千。因此，在治疗时就需要运用标本的理论，借以分析其主次缓急，便于及时合理地治疗。一般来说，凡病势发展缓慢的，当从本治；发病急剧的，首先治标；标本俱急的，又当标本同治。总之，临床上必须以动态的观点来处理疾病，善于抓住主要矛盾，借以确定治疗的先后缓急。

2. 扶正与祛邪

疾病的发生与发展是正气与邪气斗争的过程。正气充沛，则猪体有抗病能力，疾病就会减少或不病；若正气不足，疾病就会发生和发展。因此，治疗的关键就是改变正邪双方力量的对比，扶助正气，祛除邪气，使疾病向痊愈方面转化。因此，在治疗上，扶正祛邪就成为治疗的基本原则。扶正能使正气加强，有助于机体抗御和祛除病邪，也就是说扶正是为了更好地祛邪。扶正适用于以正气虚为主而邪气也不盛的虚证，具体有益气、养血、滋阴、助阳等方法。祛邪能够排除病邪的侵害和干扰，使邪去正安，也就是说祛邪的目的是保存正气及有利于正气的恢复。祛邪适用于以邪气盛为主而正气也未衰的实证，具体有发汗、攻下、清解、消导等方法。扶正祛邪这一原则，要认真细致地观察邪正消长的盛衰情况，根据正邪双方在疾病过程中所处的不同地位，分清主次、先后，灵活地运用。由于在疾病过程中，正气是矛盾的主要方面，任何治疗措施都是通过猪体的生理功能而起作用的，要重视机体的内在因素，在扶正与祛邪二者之间尤其强调扶助正气。但无论是扶正还是祛邪都要运用适当，做到祛邪而不伤正，扶正又不留邪。

3. 调整阴阳

阴平阳秘，精神乃治，阴阳乖戾，疾病乃起。阴阳失调是猪体失去正常生理状态而发生病理变化的根本原因。治疗疾病就是要解决阴阳失调——偏胜偏衰的矛盾，使之重归于新的动态平衡。临床辨证，首先要分清阴阳，才能抓住疾病的本质。所谓调整阴阳，就是针对猪体阴阳偏盛偏衰的变化，采取损其有余，补其不足的原则，使阴阳恢复于相对的平衡状态。从根本上讲，猪体患病是阴阳间协调平衡遭到破坏，出现偏盛偏衰的结果，故调整阴阳，“以平为期”是治疗猪病的根本法则。

4. 正治与反治

在临证实践中，可以看到多数疾病的临床表现与其本质是一致的，然而有时某些疾病的临床表现与其本质不一致，出现了假象。为此，确定治疗原则时就不应受假象的影响，要始终抓住对本质的治疗，于是便产生了“正治”与“反治”的法则。

正治是指疾病临床表现与其本质相一致情况下的治法，采用的方法和药物与疾病的征象是相反的，又称为“逆治”。正治含有正规和常规治疗的意思，是临床上常用的治疗方法。临床上，大多数疾病的现象与疾病的本质是一致的。例如，热证表现为热象，寒证表现为寒象，虚证表现为虚象，实证表现为实象。此时，应采用正治法，即采用热者寒之、寒者热之、虚者补之、实者泻之的治疗法则。

反治是指疾病临床表现与其本质不相一致情况下的治法，采用的方法和药物与疾病的征象是相顺从的，又称为“从治”。临床上有时会因病情复杂或病势严重，机体不能如常地反映出正邪相争的情况，而出现一些与疾病性质不相符合的假象。例如，寒证出现热象，热证出现寒象，虚证出现实象，实证出现虚象等。在治疗时，就不能简单地见寒治寒，见热治热，而应透过现象治其本质。大凡病情发展比较复杂，处于危重阶段，出现假象症状时，多运用此法。其具体应用有：热因热用、寒因寒用、塞因塞用、通因通用。

5. 同治与异治

同治与异治，即异病同治和同病异治。

（1）异病同治　异病同治是指不同的疾病由于病机相同或处于同一性质的病变阶段（证候相同），可以采用同一种治法。例如，久泄、久痢、脱肛、阴道脱和子宫脱等病症，凡属气虚下陷者，均可用补中益气的相同方法治疗。又如，在许多不同的传染病发病过程中，只要出现气分证（大热、大汗、大渴、脉洪大），都可以用清气（清热生津）的方法治疗。

（2）同病异治　同病异治是指同一种疾病由于病因、病机及发展阶段的不同而采用不同的治法。例如，同为感冒，由于有风寒和风热的不同病因和病机，治疗就有辛温解表和辛凉解表之分。

6. 三因制宜

疾病的发生、发展与转归受多方面因素的影响，如气候变化、地理环境、个体的体质差异等，均对疾病有一定的影响。因此，治疗疾病时，必须把这些因素考虑进去，具体情况具体分析，以采取适宜的治疗方法。三因制宜包括因时制宜、因地制宜和因畜制宜。

（1）因时制宜　四时气候的变化对猪的生理功能、病理变化均产生一定的影响，根据不同季节气候的特点来考虑治疗用药的原则就是因时制宜。例如，春夏季节，气候由温渐热，阳气升发，动物腠理疏松开泄，即使是患外感风寒，也不宜过用辛温发散之品，以免开泄太过，耗伤阳气；而秋冬季节，气候由凉变寒，阴气日增，动物腠理致密，阳气内敛，此时若非大热之证，就当慎用寒凉之品，以防苦寒伤阳。

（2）因地制宜　不同的地理环境，由于气候条件及生活习性不同，猪的生理活动和病变特点也有区别，所以治疗用药也应有所差异。例如，南方气候炎热而潮湿，病多湿热或温热，故多用清热化湿之品；北方气候寒冷而干燥，病多风寒或燥证，故常用温热润燥之品。即使相同的病症，治疗用药也当考虑不同地区的特点。此外，某些地区还有地方病，治疗时也应加以注意。

（3）因畜制宜　根据病畜的年龄、性别、体质等不同特点来考虑治疗用药的原则叫作因畜制宜。例如，幼龄猪生机旺盛，但气血未充，脏腑娇嫩，故治疗幼龄猪，当慎用峻剂和补剂，一般用药剂量也必须根据年龄加以区别。母猪有经产、妊娠、分娩等特点，治疗时要注意安胎、通经下乳、妊娠禁忌等问题。公猪有精室及性功能等特有病证，治疗多应补肾滋阴。

第二章

猪常见传染病

第一节　猪病毒性疫病防治

一、猪　瘟

猪瘟是由猪瘟病毒引起的急性、热性、高度接触性传染病。其临床特征是发病急、高热稽留和细小血管壁变性，引起全身泛发性小出血点和脾梗死。

【病原】　猪瘟病毒野毒毒力差异较大，有强毒株、温和毒株、低毒株之分。强毒株引起死亡率高的最急性、急性猪瘟；温和毒株一般产生亚急性和慢性感染；低毒株只造成轻度疾病，往往不表现临床症状，但经胚胎感染和初生猪感染可导致死亡。常用消毒药对病毒有良好的杀灭作用，2%的氢氧化钠溶液（烧碱水）消毒效果好。

【临床症状】

（1）最急性型　多见于流行初期，突然发病，症状急剧，表现为全身痉挛，四肢抽搐，高热稽留，皮肤和黏膜发绀，有出血斑点（彩图2），经1~8天死亡。

（2）急性型　持续高热（41℃左右），食欲不振直至废食；嗜睡，畏寒，打堆；眼角堆有脓性分泌物，常将眼睑封闭；病初便秘，后期腹泻；发病后期，病猪的腹部、耳、鼻吻、大腿内侧广泛皮下出血，指压不褪色。病程达1~2周。公猪包皮积有尿液，用手挤压后流出混浊的灰白色恶臭液体。幼龄猪可见磨牙、运动障碍及痉挛等神经症状。

（3）亚急性型　常见于老疫区或流行后期的病猪。症状较急性型缓和，病程达20～30天。

（4）慢性型　体温时高时低，食欲时好时坏，便秘和腹泻相交替，病猪皮肤有紫斑和干痂，病程可长达数月。

（5）非典型　非典型猪瘟的潜伏期长，症状轻，发病率和死亡率较低，病死率为30%～50%，部分病猪自愈后干耳、干尾及皮肤坏疽，病程长达1～2月。仔猪有神经症状。

【病理变化】

（1）最急性型　常无显著特征性变化，一般仅见浆膜、黏膜和内脏有少量出血点。

（2）急性型　全身淋巴结肿大、充血、出血，切面呈红白相间的大理石样外观。脾脏的脾缘和表面有凸出的数目不定的紫红色的出血梗塞区。肾脏呈土黄色，表面及皮质上有针尖至粟粒大小的出血点。膀胱、胆囊黏膜、喉头会厌软骨上有程度不同的出血点；大肠黏膜有明显的出血性炎症。

（3）慢性型　在盲肠和结肠上有特征性纽扣状溃疡。

（4）非典型　非典型猪瘟病理变化一般轻于典型猪瘟的变化，如淋巴结呈现水肿状态，轻度出血或不出血，肾脏出血点不一致，脾稍肿，有1～2处小梗坏死灶。

【中兽医辨证】　本病是疫疠侵入猪体，循卫气营血传变。疫邪入侵，正邪交争，阳热亢盛，故发高热；邪热灼伤营血，迫血妄行，故出现皮下出血，斑疹隐隐，便中带血；热邪灼伤肺、胃，故咳嗽、声音嘶哑，食欲降低或废绝。热灼津伤，阴液受损，便与热结则便秘；又因邪热熏蒸日久，肠中糟粕腐败变质，肠络受损，故出现腹泻，泻物恶臭。临床治疗应以清热解毒，凉血化斑，养阴生津为法。

【预防】　预防猪瘟必须采取综合性措施，即在加强预防接种的同时，搞好饲养管理，加强检疫与防疫，切实做好正常的消毒等工作。猪瘟免疫程序可根据具体情况制定，一般公猪、母猪和育成猪每年春秋各注射猪瘟弱毒疫苗1次，注射剂量根据具体情况可以加倍。猪瘟是一类传染病，一旦发病应立即上报疫情，按《家畜家禽防疫条例实施细则》进行扑灭，要封锁猪场，扑杀病猪，焚毁深埋病尸，彻底消毒。对尚未发病的猪立即进行紧急接种。

【良方施治】

1. 中药疗法

方1　石膏120克、生地黄30克、水牛角60克、黄连20克、栀子30克、牡丹皮20克、黄芩25克、赤芍25克、玄参25克、知母30克、连翘30克、桔梗25克、甘草15克、淡竹叶25克。用法：以上14味，粉碎，过筛，混匀，备用。每1000克拌料500千克，5天为1个疗程。

方2 白虎汤加减：石膏（打碎先煎）40克、知母20克、生山栀10克、板蓝根20克、玄参20克、金银花10克、大黄30克（后下）、炒枳壳20克、鲜竹叶30克、生甘草10克。用法：水煎去渣，候温灌服，每天1剂，连服2~3剂。用于治疗早期温和型猪瘟。

方3 黄连解毒汤加减：黄连5克、黄芩15克、炒栀子10克、连翘10克、黄柏10克、生石膏30克、知母10克、金银花20克、白芍10克、炒枳壳20克、地榆5克、大黄15克、茯苓10克、甘草（生）10克。用法：煎汁取液，供体重25千克猪只每天2次服用。用于猪瘟的早期治疗。

方4 黄连5克、黄柏10克、黄芩15克、金银花25克、连翘15克、白扁豆25克、木香10克。用法：煎水去渣，供体重10千克的猪只早晚各灌服1次，连用3~5天。用于治疗出现拉稀的猪瘟。

方5 败酱草、夏枯草、金银花藤、大血藤各15克。用法：上药煎水灌服，或粉碎为末加水每天灌服1次，连服2~3天。

方6 白药子、黄芩、大青叶、炒牵牛子、炒葶苈子、炙枇杷叶各40克，知母、连翘、桔梗各30克。用法：水煎加鸡蛋清为引，1次喂服10头仔猪，每天2次，连用3天，同时配合猪瘟高免球蛋白进行紧急注射。

2. 西药疗法

方1 抗猪瘟血清25毫升、庆大小诺霉素注射液16万~32万国际单位。一次肌内或静脉注射，每天1次，连用2~3次。

方2 丁胺卡那霉素（阿米卡星）60万~120万国际单位。1次喂服，每天2~3次，连用3天以上。

二、猪口蹄疫

猪口蹄疫是由口蹄疫病毒引起的牛、羊、猪等偶蹄类动物共患的一种急性、热性和高度接触性传染病。其临床特征是在口腔黏膜、鼻吻部、蹄部及乳房皮肤出现水疱和溃烂。

【病原】 口蹄疫病毒具有多型性，各型病毒引起的口蹄疫症状相同，但免疫原性不同，不能交叉免疫。该病毒对外界环境抵抗力强，但不耐酸、碱，常用1%~2%甲醛及百毒杀、菌毒敌等能达到消毒目的。

【临床症状】 病猪以蹄部水疱为主要特征。病猪体温升高（40～41℃），精神萎靡，减食或拒食，蹄冠、蹄叉、蹄踵出现炎症，红、肿、热、痛，以后形成小水疱，再融合成灰白色环带状水疱，水疱破溃，体温下降，无并发症时1周左右可自愈，若有细菌感染可导致蹄壳脱落。哺乳母猪可在鼻盘、口腔、舌、乳房皮肤发生水疱和烂斑（彩图3和彩图4）。新生仔猪易发生急性胃肠炎，小猪常发心肌炎。

【病理变化】 可见蹄、鼻盘、口腔、乳房皮肤上出现水疱和溃疡。仔猪因心肌炎死亡时可见心肌松软，似煮熟状。心包膜有弥散性出血点，心肌切面有浅黄色斑或条纹。仔猪急性死亡的病例，可见心肌切面呈黄白相间的虎斑纹，俗称“虎斑心”（彩图5）。

【中兽医辨证】 猪口蹄疫为“时疫”，属温热病范围，是由于外在环境中湿邪入侵所致。湿邪客于脾而传于胃，脾与胃互为表里，故两经症状兼而有之。湿邪入侵之后，郁而化火，表现为湿热蕴结。中兽医治疗思路通过辨证需以健脾化湿、清热解毒、清心利胆为方向用药治疗，保健则以健脾化湿为主即可，根据猪群健康状况再实际考虑。

【预防】 平时加强检疫和定期普查相结合，做好产地检疫、屠宰检疫、市场检疫和运输检疫，杜绝疫源。易发病区和猪场要定期接种免疫，用猪口蹄疫灭活菌。

根据国家规定，患口蹄疫的猪应一律急宰，不准治疗，猪场要严格封锁，以防扩散。发现疑似病猪要及时上报疫情，一经确诊要按一类传染病扑灭措施进行扑灭。

【良方施治】

1. 中药疗法

方1 贯众散：贯众15克、桔梗12克、山豆根15克、连翘12克、大黄12克、赤芍9克、生地黄9克、天花粉9克、荆芥9克、木通9克、甘草9克、绿豆粉30克。用法：上药共研末，加蜂蜜100克为引，开水冲服，每天1剂，连用2～3天。

方2 青黛3克、雄黄6克、冰片9克、枯矾9克、硼砂15克。用法：上药共研细末，吹入口内，每天2次。

方3 黄柏60克、干姜30克。用法：上药煎汤待冷洗口。对舌疮烂者有效。

2. 西药疗法

方1 猪口蹄疫高免血清按每千克体重2毫升，静脉或肌内注射。

方2 用清水，2%醋酸溶液或0.1%高锰酸钾溶液冲洗口腔，创面涂以5%碘甘油；或者1%～3%硫酸铜或1%～2%明矾涂糜烂面；蹄部用2%～4%来苏儿洗涤后，涂以甲紫、碘甘油和木焦油凡士林。

三、猪伪狂犬病

伪狂犬病是由伪狂犬病病毒引起的家畜和野生动物的一种急性传染病。感染猪的临床特征为体温升高，新生仔猪主要表现为神经症状，还可侵害消化系统；成年猪常为隐性感染，妊娠母猪感染后可引起流产、死胎及呼吸系统症状，公猪表现为繁殖障碍和呼吸系统症状。

【病原】 病原是伪狂犬病病毒，病毒对外界环境的抵抗力强，在污染的猪舍或干草上能存活1个月，在肉中可存活5周以上，1%氢氧化钠、福尔马林消毒有效。

【临床症状】 不同猪龄病猪的症状有很大区别。哺乳仔猪的症状表现最明显，体温升高达41℃以上，精神萎靡，运动失调，倒地侧卧，角弓反张，四肢呈游泳状划动，转圈运动或盲目后退运动等，叫声嘶哑、发抖。病程为1～2天，发病年龄越小死亡率越高，15日龄可高达100%，3～4周达40%～60%，耐过猪成僵猪，有的失明、偏瘫。断乳猪主要表现为呼吸道症状，咳嗽、呕吐，部分猪出现擦痒，死亡率低，最后成带毒猪。母猪感染后屡配不孕，妊娠母猪早期感染可引起胚胎消融、木乃伊胎，中期感染引起早产，后期感染产死胎、弱胎，有时甚至会迟产。成年猪表现为一过性发热、精神沉郁、轻度咳嗽，经4～8天恢复，成为隐性带毒者。

【病理变化】 扁桃体炎，咽部、气管、肺脏充血、水肿。淋巴结出血性炎症。脑膜充血、脑脊液增多。实质性脏器表面有粟粒至黄豆大小的灰黄色、灰白色坏死灶，特别是肝脏、肾脏表面的坏死灶周围有明显的红色晕圈，具有特征性。

【中兽医辨证】 根据中兽医理论，猪伪狂犬病可按照清热解毒、祛风解痉的原则进行治疗。

【预防】 为预防本病，应防止购入带有病原的种猪，引种后需隔离饲养1个月，确认阴性猪才能混群。日常应严格遵守兽医防疫制度，定期消毒，经常灭鼠，猪场内不能饲养狗、猫等其他动物。发生本病时，扑灭病猪，消毒猪舍及环境，粪便发酵处理；在疫场或受威胁的猪场，必要时注射猪伪狂犬病弱毒冻干疫苗。种猪场应加强种猪检疫，每隔 30 天抽血化验，阳性猪坚决淘汰，连续检查，直至淘汰完为止。为保全优良血统，阳性猪的后裔断乳后分别按窝隔离饲养，至 16 周龄开始血检，每隔 30 天血检 1 次，坚决淘汰阳性猪。这样逐步建立无猪伪狂犬病的种群。

弱毒苗有某些缺点，注射疫苗与否视疫情而定。

【良方施治】

1. 中药疗法

方 1 白芷 15 克、细辛 10 克、石菖蒲 15 克、天天南星 15 克、天竺黄 10 克、大黄 10 克、杏仁 15 克、桔梗 15 克、藿香 15 克、半夏 15 克、全蝎 10 克、防风 15 克、秦艽 15 克。用法：水煎候温灌服，或者粉碎拌料饲喂，每天 1 剂，连用 3 ~5 剂。用于猪伪狂犬病初期。

方中细辛、天南星毒性较大，需注意用量。

方 2 菊花 15 克、天麻 25 克、法半夏 15 克、钩藤 30 克、杭菊 15 克、天南星 25 克、竹黄 10 克、僵虫 15 克、黄连 35 克、广陈皮 10 克、防风 15 克、焦栀 15 克、枳壳 15 克、木香 15 克、茯苓 15 克、胆草 15 克。用法：水煎候温灌服。

2. 西药疗法

方 1 猪伪狂犬病高免血清 15 ~20 毫升。肌内注射，每天 2 次，连用 2 ~3 次。

方 2 猪伪狂犬病疫苗 0. 5 ~2 毫升。肌内注射，乳猪第 1 次注射 0. 5 毫升，断乳后再注射 1 毫升；3 个月以上的架子猪注射 1 毫升；成年猪和妊娠母猪注射 2 毫升。免疫期 1 年。

仅用于疫区和受威胁区。

四、猪流行性乙型脑炎

流行性乙型脑炎又称日本乙型脑炎，简称乙脑，是由乙型脑炎病毒引起的人兽共患的传染病。病猪主要表现为高热、流产、死胎和公猪睾丸炎。

【病原】 乙型脑炎病毒对外界环境抵抗力不强，常用消毒药能迅速杀灭病毒。

【临床症状】 病猪突然高热41℃左右，稽留几天至十几天。病猪精神沉郁、减食喜饮、嗜睡喜卧、粪便干燥、尿色深黄。仔猪有明显的神经症状，共济失调，关节肿胀。母猪无先兆突然流产，产死胎、弱胎和木乃伊胎，但流产后一般不影响下次配种。公猪往往高温稽留，单侧或两侧睾丸肿胀，触之热痛，经3～5天后肿胀消退，有的睾丸变小变硬，失去配种能力，如仅一侧发炎，仍有配种能力。

【病理变化】 子宫内膜充血、水肿，黏膜下覆有黏稠分泌物。胎盘呈炎性浸润，流产胎儿常见脑水肿，脑膜和脊髓充血，皮下水肿，胸腔和腹腔积液，淋巴结充血，肝脏和脾脏有坏死部分。部分胎儿可见到大脑或小脑发育不全的变化。睾丸硬化者体积缩小，与阴囊粘连，实质结缔组织化。

【中兽医辨证】 根据中兽医理论，本病可按照清热解毒、清热凉血及祛风止痉的原则进行治疗。

【预防】 猪流行性乙型脑炎无有效疗法。本病主要防治措施是防蚊灭蚊和免疫接种。灭蚊是控制猪流行性乙型脑炎的一项重要措施。免疫接种是一项有效措施。免疫接种应在当地本病流行前1个月内完成。并加强宿主动物的管理，应重点管理好没有经过夏、秋季的幼龄动物和从非疫区引进的动物。这类动物多未曾感染过流行性乙型脑炎，一旦感染较易出现病毒血症，成为传染源。

【良方施治】

1. 中药疗法

方1 生石膏120克、板蓝根120克、大青叶60克、生地黄30克、连翘30克、紫草30克、黄芩20克。用法：水煎候温灌服，每天1剂，连用3天以上。

方2 生石膏80克、大黄10克、芒硝20克、板蓝根20克、生地黄

20 克、连翘 20 克。用法：上药共研细末，开水冲服，每天 1 剂，连用3～5 天。

2. 西药疗法

康复猪血清 40 毫升，一次肌内注射；10% 磺胺嘧啶钠注射液 20～30 毫升，25% 葡萄糖注射液 40～60 毫升，一次静脉注射；10% 水合氯醛注射液 5～20 毫升，一次静脉注射（注意不要漏出血管外）。

五、猪繁殖与呼吸综合征

猪繁殖与呼吸综合征是一种由病毒引起的以繁殖障碍和呼吸系统疾病为特征的具有高度传染性的急性病。母猪临床表现为厌食、发热，妊娠后期出现流产、死胎和木乃伊胎、产弱仔和仔猪呼吸困难；幼龄仔猪发生呼吸系统疾病和出现大量死亡。

【病原】　猪繁殖与呼吸综合征病毒属冠状病毒科，能干扰猪的免疫，使其抵抗力降低，导致细菌继发感染在猪群中发生。感染母猪明显排毒，如鼻分泌物、粪便、尿液均含有病毒。该病毒对温热和外界理化因素的抵抗力差，在血清和组织中的病毒于 37℃ 下经 48 小时或于 56℃ 下经 45 分钟完全丧失致病力。该病毒对氯仿、乙醚敏感。

【临床症状】　本病因极易发生继发感染而使病猪的症状差异很大。母猪病初精神萎靡，食欲不振或废绝，发热。妊娠母猪发生早产，后期发生流产、死胎、木乃伊胎或产弱仔，常造成母猪不育或泌乳量下降，死亡率高达 80%。少数病猪出现双耳、外阴、尾部、腹部及口部、四肢末端青紫发绀。少数母猪表现为产后无乳、胎衣停滞及阴道分泌物增多等现象。早产仔猪出生后当时或几天后死亡，大多数新生仔猪呼吸困难，死亡率高达 80%～90%。青年猪和公猪的症状较轻。

【病理变化】　流产胎儿及弱仔剖检可见胸腔积有大量清亮液体，普见有肺实变，间质性肺炎。母猪、公猪和肥育猪剖检，一般无肉眼可见的病理变化，显微镜检查可见间质性肺炎。

【中兽医辨证】　按照中兽医理论，本病可按照清热泻火、养阴生津的原则进行组方治疗。

【预防】　目前对本病尚无特效的治疗方法。控制本病的关键是切断传播途径，防止传染。猪场应严格遵守兽医卫生防疫制度，定期灭鼠，严格消毒，特别是对流产的胎衣、死胎及死猪要严格做好无害化处理，彻底消毒。坚持自繁自养，必须从无病地区引种，引种时应对本病进行实验室检测，阴性猪方能引入，引入的猪仍需经 1 个月隔离观察，确实无病才能混群。有条件的猪场应做到不同年龄的猪分群饲养，相互隔离；育肥舍应实行全进全出，每批猪出栏后彻底消毒。种猪场要定期开展本病的检疫，发现阳性猪坚决淘汰，并彻底消毒场地。在本病流行期，可给仔猪注射抗生素并配合支持疗法，用以防止继发性细菌感染和提高仔猪的成活率。疫苗的应用是十分重要的防控手段，国内外已有商品疫苗可预防本病。

【良方施治】

1. 中药疗法

方 1 生石膏 40 克（先煎）、知母 20 克、山栀 10 克、板蓝根 20 克、黑玄参 20 克、金银花 10 克、川大黄 30 克（后下）、炒枳壳 20 克、生甘草 10 克、鲜竹叶 30 克。用法：水煎去渣，候温灌服，每天 1 剂，连服 2~3 剂。

方 2 黄连 30 克、黄芩 30 克、黄柏 30 克、栀子 20 克、石膏 120 克、知母 30 克、生地黄 30 克、牡丹皮 20 克、玄参 25 克、赤芍 25 克、连翘 25 克、桔梗 25 克、竹叶 25 克、甘草 15 克（以上为 5 头成年猪的一次用量，仔猪减半）。用法：上药水煎，饮水中喂服，每天 1 剂，连用 3~5 剂。

2. 西药疗法

方 1 预防：猪繁殖与呼吸综合征灭活疫苗 2~4 毫升。肌内注射，母猪 4 毫升，20 天后再注射 4 毫升，以后每 6 个月注射 1 次。假定健康猪注射 2 毫升。

方 2 蓝儿泰注射液 2.5 毫升，一次肌内注射，每天 1 次，3 次为一个疗程。7 日龄以前不可注射，可口服。

方 3 磺胺二甲嘧啶 30 克，拌入 50 千克饲料中饲喂，连续饲喂 2~3 天；或者按每千克体重 0.2 克，每天 2 次。

六、猪传染性胃肠炎

猪传染性胃肠炎是由猪传染性胃肠炎病毒引起的一种急性、高度接触性传染病，临床上以呕吐、严重腹泻、脱水和以 10 日龄内仔猪高死亡率为特征。幼龄仔猪的死亡率达到 100%。

【病原】 猪传染性胃肠炎病毒属于冠状病毒科。该病毒对外界环境抵抗力不强，不耐干燥和腐败，紫外线能使病毒很快死亡，一般消毒药可杀死病毒，如0.3%苯酚、0.3%福尔马林、1%来苏儿容易使病毒死亡。

【临床症状】 仔猪的典型症状是呕吐和水样腹泻，粪呈黄色、黄绿色，粪便中含有乳凝块，并且恶臭，仔猪迅速脱水，10日龄以内的仔猪大多在2~7天死亡。随着日龄增大症状缓解，致死率降低，病愈仔猪生长缓慢。架子猪、肥猪和成年猪的症状轻微，发生一日至数日的减食、腹泻、体重迅速减轻，有时出现呕吐，哺乳母猪泌乳较少或停止，极少发生死亡。妊娠母猪发病后少见流产。

【病理变化】 剖检变化主要表现在胃和小肠。仔猪胃内充满乳凝块，胃底黏膜充血、出血。小肠内充满黄绿色或灰白色液状物，含有泡沫和未消化的小乳块，小肠壁变薄，弹性降低，以至肠管扩张，呈半透明状。在低倍镜下或放大镜下观察，可见空肠绒毛显著缩短。

【中兽医辨证】 根据中兽医理论，可按照清热解毒、凉血止痢、收涩止泻的原则进行治疗。

【预防】 预防本病应加强饲养管理，实行全进全出；注意仔猪保温，喂好初乳，严格消毒，让仔猪在良好的环境中成长。在易发病猪场可进行免疫接种，可使用猪传染性胃肠炎弱毒疫苗或灭活苗，或传染性胃肠炎和猪流行性腹泻二联苗预防。一般于每年10月至第二年3月对妊娠母猪于产前30天注射。由于本病发病率很高，传播快，一旦发病，采取隔离消毒措施效果不大，康复猪可产生一定的免疫力，规模不大的猪场，全场猪只暴发流行后获得免疫，本病即可停止流行。在规模较大的猪场一旦发病，可对未分娩母猪及年龄较大的猪只进行人工感染，使之短期内发病，疫情尽快停止。

【良方施治】

1. 中药疗法

方1 黄连40克、三颗针40克、白头翁40克、苦参40克、胡黄连40克、白芍30克、地榆炭30克、棕榈炭30克、乌梅30克、诃子30克、大黄30克、车前子30克、甘草30克。用法：上药研末分6次灌服，每天3次，连用2天以上。

方2 藿香、紫苏梗、厚朴、半夏、苍术各10~20克，茯苓20克，甘草、豆蔻、佩兰各10克。用法：水煎服。

方3 黄柏100克。用法：加水煎至200毫升，候温，进行肛门灌注（1剂三煎，当天早晚各灌注1次，第二天再灌注1次）。

方4 苍术20克、白术20克、川厚朴20克、桂枝15克、陈皮20克、泽泻20克、猪苓20克、茯苓20克、甘草15克。用法：上药水煎取汁灌服。粪干者加大黄或人工盐；腹胀加木香、莱菔子；体弱加党参、当归；体温偏低加附子、肉桂、小茴香；胃寒加干姜或生姜；有表证者加重桂枝；水泻不止加补骨脂、豆蔻、吴茱萸、五味子。

方5 白头翁30克、生姜30克（为架子猪量，根据猪只大小酌情增减）。用法：煎服，每天1剂，连用2~3天。

方6 茶叶14克、陈皮14克、葛根14克、炒六曲14克、炒山楂14克、酒赤芍14克（25千克猪的剂量）。用法：水煎服，每天1剂，一般1~2剂即可治愈。

方7 黄连、黄芩各10克，板蓝根30克，黄柏7克，生地黄10克。用法：水煎去渣，候温，体重100千克猪1次灌服，连用3天。

方8 白头翁、黄柏、黄芩、金银花、泽泻、木通、山楂各10克，大黄5克，滑石粉、苍术、白术、陈皮、甘草、麦芽各5克。用法：水煎去渣，体重20千克猪分3次服用，每天1剂，连用3天。

方9 板蓝根150克，黄芩100克，半夏50克，栀子、枳壳各70克，黄连50克，罂粟壳20克，甘草30克。用法：水煎2次，合并滤液（约600毫升）。30日龄内仔猪每头灌服10~20毫升，30日龄以上者每头灌服20~30毫升，每天1~2次，连用2~3天。

方10 黄柏100克。用法：加水煎至2000毫升候温，用人工授精管肛门灌注，1剂三煎，每天早晚各1次，第二天再灌注1次。

方11 白头翁、马齿苋各30克。用法：水煎取汁，母猪喂服，或者10头仔猪饮服，每天1剂。

方12 炒白术25克，炒山药30克，炒车前子（包）30克，炮姜5克。用法：研为细末，每次每头大猪30克，能吃食的仔猪酌减，连喂3天。

2. 西药疗法

方1 0.1%高锰酸钾溶液200毫升，一次喂服，按每千克体重4毫升用药。利菌净1克，一次肌内注射，按每千克体重20毫克用药，每天2次；内服剂量加倍。

方2 盐酸土霉素按每千克体重5~10毫克，肌内注射，每天2次，连用5~7天。

方3 康复猪抗凝血或高免血清10毫升。新生仔猪1次口服，每天1次，连用3天，对本病有一定防治效果。

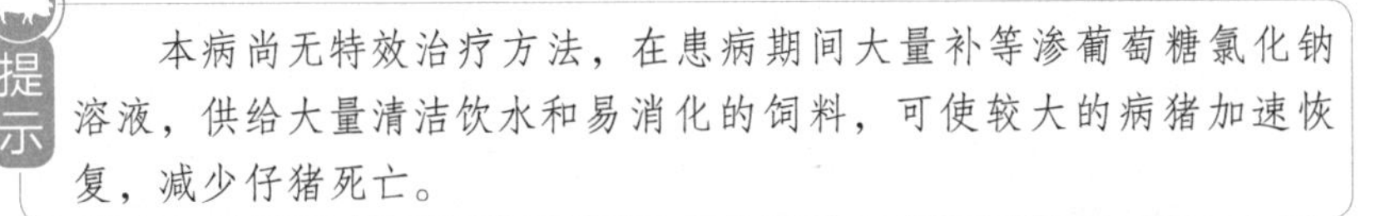

提示

本病尚无特效治疗方法，在患病期间大量补等渗葡萄糖氯化钠溶液，供给大量清洁饮水和易消化的饲料，可使较大的病猪加速恢复，减少仔猪死亡。

七、猪流行性腹泻

猪流行性腹泻是由猪流行性腹泻病毒引起的仔猪和肥育猪的一种急性肠道传染病，临床上以排水样便、呕吐、脱水为特征。

【病原】　猪流行性腹泻病毒属于冠状病毒科、冠状病毒属。该病毒对外界环境和消毒药的抵抗力不强，对乙醚、氯仿等敏感，一般碱性消毒药都可将其杀灭。

【临床症状】　各种年龄的猪都能感染发病，哺乳猪、架子猪或肥育猪的发病率很高，尤以哺乳猪受害最为严重。仔猪的潜伏期长达15～30天，肥育猪的潜伏期为2天。病猪呕吐、腹泻和脱水。粪稀如水，呈灰黄色或灰色。呕吐多发生于吃食或吮乳后。体温稍高或正常，精神、食欲变差。症状的轻重随年龄的大小而有差异，年龄越小，症状越重，1周内新生仔猪常于腹泻后2～4天内因脱水而死亡，病死率可达50%。断乳猪、肥育猪及母猪常呈现沉郁和厌食症状，持续腹泻4～7天，逐渐恢复正常。成年猪仅表现沉郁、厌食、呕吐等症状。

【病理变化】　尸体消瘦脱水；皮下干燥；胃内容物呈鲜黄色并混有大量乳白色凝乳块或絮状小片；小肠肠管扩张，内容物稀薄，呈黄色泡沫状，肠壁弛缓，缺乏弹性，变薄有透明感，肠黏膜绒毛严重萎缩。

【中兽医辨证】　根据中兽医理论，可按照清热解毒、化湿止泻进行治疗。

【预防】　预防本病可在入冬前10～11月给母猪接种弱毒疫苗，通过初乳可使仔猪获得被动免疫。

【良方施治】

1. 中药疗法

方1　石榴皮、乌梅、葛根、白芍、生地榆、黄连、黄芩、干姜、诃子、炒山楂、芦根各适量。用法：共研末，每天每头猪20克，开水冲调，候温喂服，连用3天。

方2　针灸穴位：后三里、交巢、带脉，配蹄叉、百合等穴。针法：白针或血针。

方3　党参30克、焦白术30克、茯苓30克、炙甘草20克、煨木香25克、炮姜25克、藿香25克。用法：1剂早晚2煎，取汁候温，加白糖200克，成年猪混于饲料中自食，每天1剂（仔猪减半）。

方4　党参、白术、茯苓各50克，煨木香、藿香、炮姜、炙甘草各30克。用法：水煎取汁并加入白糖200克拌少量饲料喂服。

2. 西药疗法

本病无特效药，通常应用对症疗法，可以降低仔猪死亡率，促进仔猪康复。发病后要及时补水和补盐，给大量的口服补液盐，防止脱水，用肠道抗生素防止继发感染可降低死亡率。

方1　用2.5%恩诺沙星注射液，每10千克体重用1毫升，肌内注射，每天1次；或者盐酸环丙沙星2.5毫克/千克，肌内注射，每天2次。对防治继发感染、提高疗效大有裨益。

方2　用鸡新城疫Ⅰ系苗（500羽份装）1瓶，加注射用水50毫升，每天每次5毫升，肌内注射或交巢穴注射，每天1次，连用2天。对治疗本病有一定疗效。

八、猪流行性感冒

猪流行性感冒简称猪流感，是由流感病毒引起猪的一种急性、传染性呼吸器官疾病。其特征为突发，咳嗽，呼吸困难，发热及迅速转归。

【病原】　猪流感病毒属于正黏液病毒科。该病毒主要存在于感染猪的鼻液、气管和支气管的渗出物中，以及肺和肺区淋巴结中。该病毒对干燥和低温环境抵抗力强，对乙醚、酚和福尔马林敏感，一般消毒剂可将其杀灭。

【临床症状】　潜伏期短，几小时至数天，同一猪场大部分猪都被感染。病猪体温升高达40～41.5℃，精神沉郁，食欲减退或不食，结膜潮红，流泪，咳嗽，眼和鼻有黏性液体流出，眼结膜充血。病猪发病初期突然发热，精神不振，食欲减退或废绝，常横卧在一起，不愿活动，呼吸困难。个别病猪呼吸困难呈腹式呼吸，有犬坐姿势，夜里可听到病猪哮喘声。如果在发病期治疗不及时，则易并发支气管炎、肺炎和胸膜炎等，增加猪的病死率。

【病理变化】　喉、气管及支气管充满含有气泡的黏液，黏膜充血、肿胀，时而混有血液，肺间质增宽，淋巴结肿大、充血，脾肿大，胃肠黏膜有卡他出血性炎症，胸腹腔、心包腔蓄积含纤维素物质的液体。

【中兽医辨证】　本病为风寒外邪侵入肌体和脏腑引起的肌肉紧缩、脏腑功能失调，表现为肌肉关节疼痛，怕冷，钻草垫，喜卧不愿站立，为寒症，久病则为虚寒症。在临床上可按清热解毒、温中散寒、调和脾胃等原则进行防治。

【预防】　由于气候变化、猪场圈舍简陋、饲养管理水平低下等原因，导致猪群发生流行性感冒，同时因病情时间稍长，以致病猪继发感染猪副嗜血杆菌病。本病应加强饲养管理，定期消毒，对病猪要早发现、早治疗，并且要按疗程用药。

根据农业农村部的有关规定，任何单位和个人发现猪突然发病，体温高达40.5℃以上，出现发热、咳嗽、流浆液样鼻液，以及发病率高、死亡率低的临床特征时，应立即向当地动物防疫预防控制机构报案，如确诊为猪感染H1N1流感疫情，应按照相关应急预案处置。

【良方施治】

1. 中药疗法

方1　金银花20克、连翘20克、黄芩20克、柴胡20克、牛蒡子20克、甘草20克。用法：水煎灌服，每天1剂，连用3～5天。

本方配合注射安乃近、黄金特号、青霉素和链霉素，治疗效果较好。

方2　柴胡20克、茯苓15克、陈皮20克、薄荷20克、菊花15克、紫荆15克、防风20克。用法：水煎一次喂服，每天1剂，连用2～3天。

方3　柴胡、黄芩、陈皮、牛蒡子各15克，金银花25克，连翘12克，甘草9克。用法：水煎内服，每天1剂。本方可用于猪流行性感冒发病早、中期的防治。

方4　连翘、葛根、栀子各15克，苏叶、香附、天花粉、金银花各

12克，陈皮、黄芩各9克。用法：水煎候温灌服，每天1剂。本方适用于猪流行性感冒中、后期的治疗。

方5 野菊花30克、金银花24克、一枝黄花24克。用法：水煎取汁500毫升，一次喂服。

方6 葛根、升麻、陈皮、甘草、川芎、紫苏叶、白芷、赤芍、麻黄、香附、生姜、葱白各适量。用法：煎水灌服。适用于寒邪在表未解而有入里内传阳明之势的外感病。

方7 金银花、大青叶、柴胡、黄芩、木通、板蓝根、荆芥、甘草、生姜各25~50克（每头按50千克左右体重计）。用法：上药晒干，粉为细末，拌入料中饲喂。

方8 金银花、柴胡、前胡、苍术、陈皮各30克，生姜100克，紫苏叶、荆芥各25克，鱼腥草20克，葱白1~3根，神曲50克，甘草15克（中猪体重60千克量）。用法：将药放入加热容器掺清水2000毫升加热至沸滴出药液备用，药渣再加清水煎2次，滴出药液3次混合至温，添加淡盐味分5次灌服。食欲未绝者拌少量精料喂服，每天2次，视病情可服第2剂。

方9 金银花、柴胡各50克，生姜250克。用法：药物水煎至沸3次，药液总量至2500毫升，凉温，分3次喂服。

注意

方9用于预防。

2. 西药疗法

方1 肌内注射30%安乃近注射液3~5毫升，或者复方氨基比林注射液5~10毫升，或者柴胡注射液2~5毫升；青霉素120万国际单位肌内注射，每天2次。

方2 磺胺嘧啶3~6克，碳酸氢钠3~6克。一次喂服，每天2次，连用2~3天。

九、猪　痘

猪痘是由猪痘病毒和痘疫苗病毒引起的一种急性、热性、接触性传染病。其特征是皮肤和黏膜上发生特征的红斑、丘疹和结痂。

【病原】 猪痘的病原体为猪痘病毒和痘苗病毒。猪痘病毒只能感染猪。痘苗病毒可以感染多种动物。感染猪痘病毒后恢复健康的猪，对猪痘病毒仍有感受性。痘苗病毒对寒冷干燥环境的抵抗力较强，在痂皮内能存活3个月以上，对热较稳定，对光敏感。常用消毒药，如1%～20%碱溶液、3%石炭酸（苯酚）、0.5%福尔马林等消毒药液，经数分钟可将病毒杀死。

【临床症状】　潜伏期为4～7天。病初猪的体温升高到41℃以上，精神食欲欠佳，行动呆滞，鼻黏膜和眼结膜潮红、肿胀，并有黏液性分泌物。在病猪皮薄毛少的部位，即鼻吻、眼睑、腹部、四肢内侧、乳房，甚至在全身体表皮肤上，或者口鼻黏膜上出现痘疹，开始为深红色的硬结节，突出于皮肤表面，腹下、头部、四肢及胸部皮肤略呈半球状，不久变成痘疹，逐渐形成脓疱，继而结痂痊愈，病程长达10～15天。在临诊上，猪痘一般没有明显的水疱和脓疱过程。

【病理变化】　痘疹病变主要发生在鼻镜、鼻孔、唇、齿龈、颊部、乳头、齿板、腹下、腹侧、肠侧和四肢内侧等处，也可发生在背部皮肤。死亡猪的咽、口腔、胃和气管常发生疱疹。

【中兽医辨证】　本病因湿热毒气所致，初期猪皮肤上呈现红点，可用宣表解毒之剂；在中、后期，猪痘疱疹形成或破溃，发热少食，可以凉血解毒之法治疗。

【预防】　本病尚无有效疫苗，预防本病需加强饲养管理，搞好卫生，做好猪舍的消毒与驱蝇灭虱的工作。日常要搞好检疫工作，对新引入的猪要搞好检疫，隔离饲养1周，观察无病方能合群。防止猪只皮肤损伤，对栏圈的尖锐物及时清除，避免刺伤和划伤，同时应防止猪只咬斗，肥育猪原窝饲养可减少咬斗。

【良方施治】

1. 中药疗法

方1　升麻5克、葛根5克、金银花10克、土茯苓5克、连翘10克、生甘草5克。用法：水煎候温饮水或拌料饲喂，每天1剂，连用3～5天。适用于皮肤上出现红点的患病初期的病猪。

方2　金银花25克、连翘20克、黄柏8克、黄连5克、黄芩25克、栀子10克。用法：上药水煎候温饮水或粉碎后拌料饲喂，每天1剂，连用3～5天。适用于猪痘疱疹已形成或破溃，发热食少的中、后期病猪。

方3　牛蒡子10克、荆芥10克、防风10克。用法：煎水1次喂服，并洗患处。

方4　双花40克、紫草30克、黄芪30克、升麻25克、甘草15克。用法：上药研成细末，开水冲调，候温内服。体重为5千克的猪，每天15~20克，分3次内服；体重为30~40千克的猪，每天120~150克，分3次内服。病重者连服3天。

方5　地骨皮、忍冬藤各60~90克。用法：煎水1次内服，并洗患处。

方6　枸杞根90克、忍冬藤90克。用法：水煎1次喂服并洗患处，可治猪痘初起。

方7　金钱草、野菊花、灰灰菜各100克。用法：水煎取汁洗患处，每天1剂，连用2~3天。

方8　板蓝根、双花、知母各10克，栀子、黄芩、黄柏、元参各6克，荆芥、防风各15克，甘草6克（剂量依据体重、年龄而定）。用法：煎汤灌服，每天1剂，连服2~3天。

方9　蒲公英、干芦根各15克。用法：水煎取汁，大猪1头，小猪3~4头，1次灌服。

方10　野菊花10克、金银花10克、薄荷（后下）6克、甘草6克、紫草6克。用法：水煎取汁，大猪1头，小猪3~6头，1次灌服。

2. 西药疗法

患部先剥去痘痂，用0.1%高锰酸钾溶液或1%食盐水洗涤，再用2%紫药水或碘甘油（5%碘酊1份、甘油4份）涂擦。

提示

为防止继发感染并发症，可用抗生素或磺胺类药物治疗。

十、猪圆环病毒病

猪圆环病毒病是指由猪圆环病毒引起的猪的一种新传染病，主要特征是体质下降、消瘦、腹泻及呼吸困难。

【病原】　猪圆环病毒是迄今发现的一种最小的动物病毒，现已知该病毒有两个血清型，即猪圆环病毒1型和2型，其中猪圆环病毒2型为致病性的病毒。

【临床症状】　猪圆环病毒主要感染断乳后2~3周龄和5~13周龄的

仔猪。主要临床症状为仔猪先天性震颤，断乳猪消瘦、呼吸急促、咳喘，黄疸，腹泻，贫血等。发病率一般为同期仔猪的10%～20%，仔猪死产率较高，不死猪的发育明显受阻，变成僵猪、呆猪，失去经济价值。

【病理变化】　病猪消瘦，皮肤苍白或黄染，全身淋巴结肿大（4～10倍），脾脏、胸腺萎缩，出现肠炎、肾炎、间质性支气管肺炎等。

【中兽医辨证】　本病为气热炽盛，热血迫营，而成气营（血）两燔之候，治以清营凉血与清泄气热之法为主，并以清热解毒为辅。

【预防】　目前尚无有效的防治方法，日常要加强饲养管理，注重营养补给和其他疾病的疫苗注射，严格实行全进全出，定期消毒，发现疫情隔离观察，全面实施严格防疫制度。

【良方施治】

1. 中药疗法

方1　石膏（先煎）120克、水牛角60克、生地黄30克、黄连20克、栀子30克、牡丹皮30克、黄芩30克、赤芍30克、玄参30克、知母30克、连翘25克、桔梗25克、竹叶30克、甘草30克。用法：上药水煎取汁，候温灌服，每天1剂，连用3～5天。

方2　玉竹30克、沙参30克、麻黄12克、天花粉12克、桔梗18克、连翘18克、麦冬18克、金银花30克、生石膏30克、甘草12克、板蓝根18克。用法：水煎候温灌服或拌料饲喂，1天2次。若出现斑疹或出疹初期，加荆芥、蝉衣、薄荷、紫草等；出疹期，热毒甚，加黄芩、桑白皮、鱼腥草等；出疹后期多出现伤阴，可加生地黄、玄参、麦冬等。

方3　生石膏90克、连翘30克、黄连9克、板蓝根30克、黄芩18克、栀子18克、赤芍18克、桔梗18克、玄参30克、牡丹皮18克、甘草12克。用法：水煎候温灌服或拌料饲喂，1天2次。若病猪皮肤斑疹呈紫色至深红色，可加紫草、牡丹皮；斑疹颜色暗紫，融合成片，加生地黄、红花；咳嗽者加桑白皮、鱼腥草。

方4　黄芪150克、黄芩100克、板蓝根20克、党参50克、茵陈20克、金银花50克、连翘50克、甘草25克。用法：水煎3次，合并滤液，按每千克体重1毫升的剂量灌服，每天1次，连用7天。

2. 西药疗法

有专家建议使用以下药物预防：哺乳仔猪3日龄、7日龄、21日龄各注射1次得米先（长效土霉素，200毫克/毫升）0.5毫升，或在10日龄和20日龄时各注射1次速解灵（头孢噻呋，500毫克/毫升）0.2毫升；

断乳前1周至断乳后1个月，用泰妙菌素（50毫克/千克）加金霉素或土霉素或强力霉素（多西环素，150毫克/毫升）拌料饲喂，同时用阿莫西林（500毫克/升）饮水。母猪产前1周和产后1周，饲料中添加泰妙菌素（100毫克/千克）加金霉素或土霉素（500毫升/升）饮水。

十一、猪轮状病毒病

猪轮状病毒病是由猪轮状病毒引起的，以厌食、呕吐、下痢为特征的一种急性肠道传染病。

【病原】 猪轮状病毒属于呼肠孤病毒科、轮状病毒属。轮状病毒主要存在于病猪及带毒猪的消化道中，随粪便排到外界环境后，污染饲料、饮水、垫草及土壤等，经消化道途径使易感猪感染。该病毒对外界环境的抵抗力较强，在18～20℃的粪便和乳汁中能存活7～9个月。

【临床症状】 潜伏期一般为1～2天。病猪于患病初期精神沉郁，食欲欠佳，不愿走动，很快出现呕吐、腹泻症状。粪便呈黄色、灰色或黑色，为水样或糊状。病程为2～4天，有的可长达10多天，腹泻时间越长，脱水越明显，病猪逐渐消瘦，严重者可导致体重减轻30%。发病率、症状轻重决定于发病的日龄、免疫状态和环境条件。通常10～21日龄仔猪的症状较轻，腹泻数日即可康复，3～8周龄仔猪症状更轻，成年猪为隐性感染。缺乏母源抗体保护的生后几天的仔猪症状最重，环境温度下降或继发大肠杆菌病时，常使症状加重，病死率增高。

【病理变化】 死亡猪只皮肤干燥，眼窝凹陷。剖检可见消化道、胃壁弛缓，其中充满凝乳块和乳汁；肠管变薄，小肠壁薄呈半透明，内容物为液状，呈灰黄色或灰黑色，显微镜下观察小肠绒毛萎缩严重。

【中兽医辨证】 按照中兽医理论，可按清热利湿、涩肠止泻的原则进行防治。

【预防】 预防本病主要依靠加强饲养管理，认真执行一般的兽医防疫措施，增强猪的抵抗力。在流行地区，可用轮状病毒油佐剂灭活苗或猪轮状病毒弱毒双价苗对母猪或仔猪进行预防注射。同时要使新生仔猪早吃初乳，接受母源抗体的保护，以减少发病和减弱病症。

【良方施治】

1. 中药疗法

葛根30克、黄芩25克、黄连10克、甘草10克、木香15克（后下）、车前子25克、神曲25克。用法：水煎候温灌服，每天1剂，连用3～5天。热症重于湿症者加金银花、蒲公英；湿症重于热症者加薏苡仁、茯苓；腹胀满者加厚朴。

2. 西药疗法

硫酸庆大小诺霉素注射液16万～32万国际单位、地塞米松注射液2～4毫克，一次肌内注射或后海穴注射，每天1次，连用2～3天。葡萄糖43.2克、氯化钠9.2克、甘氨酸6.6克、柠檬酸0.52克、枸橼酸钾0.13克、无水磷酸钾4.35克、水2000毫升，混匀后供猪自由饮用。

提示　必要时可静脉注射葡萄糖生理盐水及碳酸氢钠以防止脱水及酸中毒，投服收敛止泻剂。

第二节　猪细菌性疫病防治

一、猪肺疫

猪肺疫又称猪巴氏杆菌病、猪出血性败血症、锁喉风，是由多杀性巴氏杆菌引起的猪的一种急性、败血性传染病。

【病原】　多杀性巴氏杆菌是革兰氏阴性菌，存在于病猪全身的各组织、器官、分泌物、排泄物中，健康猪的上呼吸道带菌率很高。该菌对外界环境的抵抗力不强，常用的消毒药均可杀死。

【临床症状】

（1）最急性型　常看不到前驱症状，突然发病，迅速死亡。病程稍长者可表现为体温升高至41～42℃，咽喉部有热痛性肿胀，坚硬，严重时可波及耳根及颈部。病初呼吸高度困难，常呈犬坐呼吸，病猪伸长头颈，有时可发出喘鸣声，口鼻流出白色泡沫，有时带血色。后期体躯下部皮肤发红，最后因窒息而死。

（2）急性型　急性型最为常见。病猪体温上升至40～41℃，很少超过42℃，精神沉郁、食欲废绝、呼吸急促、口鼻流出泡沫样液体，严重者带有血性液体，有的病猪呈犬坐势，伸长头颈痛性呼吸，颈部皮肤充血潮红，局部发热、肿胀，这种炎性肿胀波及耳根及颈部。随着病情发展，在耳后、颈部、腹下、四肢内侧可出现红色斑点，此时病猪呼吸更加困难，发生喘鸣声，病程在1周左右。

（3）慢性型 部分病猪会转成慢性型。该类病猪体温时高时低，食欲不振，持续性咳嗽、呼吸困难，渐进性消瘦，有的出现关节肿胀、皮肤湿疹，大多因衰竭而死亡。

【病理变化】

（1）最急性型 最急性型病例常见咽喉部及其周围组织有出血性胶样浸润，皮下组织可见大量胶冻样液体。全身淋巴结肿大，切面弥漫性出血，肺水肿。

（2）急性型 急性型主要出现纤维素性胸膜炎变化。主要变化为气管、支气管内有大量泡沫状黏液，肺脏有不同程度的肝变区，病程长的肺切面呈大理石样外观。胸膜有纤维素性附着物，胸膜和病肺粘连。

（3）慢性型 肺炎病变陈旧，有坏死灶，严重的呈干酪性或脓性坏死，肺膜明显变厚而粗糙，甚至与胸壁或心包粘连。

【中兽医辨证】 可使用温病卫气营血辨证和三焦辨证相结合对本病进行辨证分型，根据疾病不同的发展阶段，可分为邪热直入心包型、热入营血之邪犯心包证、气营（血）两燔及肺胃阴虚等不同类型。热在气分之温邪犯肺证治宜清热泻火、散瘀消肿、开宣肺气。热入营血之邪犯心包证治宜清营凉血、泻火解毒、开宣肺气。气营（血）两燔型治宜清热泻火、凉血解毒、散瘀消肿、开宣肺气。肺胃阴虚治宜清热养阴、益气健脾。

【预防】 预防本病要加强一般性的预防措施，改善饲养管理和生活条件，消除各种致病因素。定期免疫预防是防制本病的重要措施。由于多杀性巴氏杆菌有多种血清型，各血清型之间多数无交叉免疫原性，所以应选用与当地常见血清型相同的血清型菌株制成的疫苗进行预防接种。猪肺疫的预防可用猪肺疫氢氧化铝甲醛苗，猪瘟、猪丹毒、猪肺疫三联苗及猪肺疫口服弱毒疫苗。前两者皮下或肌内注射后14天即可产生免疫力，后者口服后7天即可产生免疫力。三者免疫期均在6个月左右。在本病流行时，对病猪应严格隔离，在加强消毒、积极治疗的同时，对尚未发病的猪应用抗血清紧急预防，或者应用抗生素或磺胺等药物预防，待疫情过后再用菌苗注射免疫。

【良方施治】

1. 中药疗法

方1 金银花30克、连翘24克、牡丹皮15克、紫草30克、射干12

克、山豆根20克、黄芩9克、麦冬15克、大黄20克、芒硝15克。用法：上药水煎分2次喂服，每天1剂，连用2天。

方2 黄芩20克、黄连10克、栀子20克、荆恩20克、薄荷25克、茯苓20克、滑石25克、泽泻20克、天门冬15克、紫菀25克、麦冬25克、尖贝母15克、山豆根20克、龙胆草40克、橘红20克。用法：共研细末，分4次喂服，一天2次，分2天喂完。

方3 麻黄10克、杏仁10克、山豆根10克、桔梗15克、川贝母10克、桑白皮20克、竹茹20克、麦冬15克、枇杷叶9克。用法：水煎喂服，每天1剂，连用3~5天。

方4 白药子9克、黄芩9克、大青叶9克、知母6克、连翘6克、桔梗6克、炒牵牛子9克、炒葶苈子9克、炙枇杷叶9克。用法：上药水煎，加鸡蛋清2个为引，一次喂服，每天2剂，连用3天。

方5 板蓝根200克、大蒜50克、雄黄15克、鸡蛋清2个。用法：将板蓝根煎水，加大蒜、雄黄、鸡蛋清调服，每天1剂，连用3天。

方6 大青叶、大黄、葶苈子、山豆根、麦冬、黄芩、龙胆草、生石膏各15~25克。用法：水煎服，每天1剂，连用2天。

方7 鱼腥草、金银花、野菊花、射干、车前草各10克，青蒿8克，马勃、桔梗、夏枯草各6克，石膏、绿豆各15克，大蒜20克。用法：大蒜捣泥，石膏、绿豆先煎，余药后下，煎成汤剂，待凉加入大蒜泥，使用前将药液充分搅匀再拌入饲料中，体重20克的猪一次喂服，每天1剂，连用5~6天。

方8 川贝母、款冬花、杏仁、栀子、陈皮、葶苈子、瓜蒌子各20克，黄芩25克，金银花35克，甘草15克。用法：煎汤候温，拌少量米汤喂服，每天2剂，连用3天。

方9 金银花、荆芥、连翘、野菊花各25克，山豆根、桔梗、知母、栀子各15克，芦根10克。用法：水煎20~30分钟，去渣，趁热加蜂蜜100克，1次喂服或胃管投服（50千克猪的剂量）。

方10 金银花、连翘、板蓝根、麦冬各30克，荆芥、牛蒡子各15克，薄荷、淡竹叶、玄参20克，甘草10克，芒硝15克（分量按猪只大小而定）。用法：煎汤入芒硝灌服。咽喉肿痛者，加山豆根、射干。

方11 黄芩、紫草、牡丹皮、牛蒡子、连翘各15克，紫花地丁12克，麦冬20克，大黄10克，甘草6克。用法：水煎取汁，大猪一次灌服，每天1剂，连用3~5天。

方12 蒲公英30克，大青叶15克，射干12克，白芥子、莱菔子、苏子各10克。用法：水煎或研末，分2次服用，连用2天；中猪分为4～8次，2天用完。

方13 党参、五味子、炙甘草各7克，白术、麦冬各10克，茯苓15克，生姜3片，大枣4个。用法：煎汤，候温1次灌服，连用3～6天。用于慢性病者。

方14 石膏、知母、生地黄、玄参、芦根、鱼腥草、山豆根、射干、杏仁、桔梗各12克，连翘、黄药子、白药子、紫草、紫花地丁各10克，麻黄14克，百部、甘草各8克。用法：水煎去渣，分2次灌服，每天1剂；对于未发病猪也服用此中药，但用量减半；同时注射青霉素。

方15 早期可先以针刺耳尖、尾尖和四蹄放血（尽量多放血），继而针刺肺俞、苏气、理中、山根、玉堂等穴。在猪喉部肿大处，辟开血管和气管，以圆利针点刺数针，以见血为度，再针刺苏气穴、肺俞穴、交巢穴、血堂穴。针治后若见脉洪数有力，舌红苔黄、便秘，可用金银花、连翘、山豆根各10～20克，研末灌服，每天2次，连用2～4天。若脉细数、下痢，可用板蓝根、玄参、山药各10～30克，研末灌服，每天2次，连用2～4天。

2. 西药疗法

方1 1%盐酸强力霉素注射液15～25毫升，一次性肌内注射（按每千克体重0.3～0.5毫升用药），每天1次，连用2～3天。

方2 链霉素按每千克体重25～50毫克，每天1次，肌内注射。

方3 青霉素按每千克体重5万国际单位，肌内注射，每天2次，连用3天。

方4 磺胺噻唑钠，小猪5～10片，中猪10～25片，内服，每天3次，连用3～5天。

提示

多杀性巴氏杆菌耐药菌株不断出现，有条件者治疗时最好对分离菌株做药敏试验，选用敏感药物，连用3天，中途不能停药。

二、猪丹毒

猪丹毒是由猪丹毒杆菌引起的急性、热性传染病，其临床表现为急性败血型、亚急性疹块型和慢性心内膜炎型。

【病原】 猪丹毒杆菌是革兰氏阳性菌，其对热及化学消毒药的抵抗力不强，常用消毒药能很快杀死病菌。

【临床症状】 依据病程长短可分为败血型丹毒、疹块型丹毒、慢性型丹毒。

（1）败血型 败血型为常见的一种病型。在流行初期，可见个别猪突然倒毙。多数病猪体温升高，稽留在42～43℃，结膜潮红，呼吸加快，心跳加快。病猪怕冷、减食、伏卧、步态僵直，有时还表现跛行。大便干如栗状，表面附有黏液，后期有时腹泻。发病1～2天于耳后、颈、胸、腹、四肢内侧等部位出现大小不等和不规则的红斑，指压褪色，去压后又复原。不及时治疗，会很快死亡。

（2）疹块型 疹块型俗称“打火印”，是病势较轻的一种猪丹毒。病猪精神沉郁、食欲不振，体温升高到41℃以上，发病1～2天后在颈、肩、胸侧、背、四肢外侧、臂部出现扁平隆起的圆形、菱形及不规则形状的紫红色的疹块（彩图6），与周围健康皮肤界限十分明显。部分病猪随着疹块的出现，体温自行下降，以后疹块处脱痂，不留瘢痕。少数病猪皮肤发生继发感染，皮肤坏死。

（3）慢性型 慢性型多由败血型、疹块型转变而来，常见有下列3种临诊症状：浆液性纤维素性关节炎、疣状心内膜炎、皮肤坏死。皮肤坏死一般单独发生，而浆液性纤维素性关节炎和疣状心内膜炎往往在一头病猪身上同时存在。

【病理变化】

（1）败血型 败血型猪丹毒主要呈败血症变化，如病猪皮肤上呈弥漫性蓝紫色；脾脏充血肿大，呈樱桃红色；肾脏瘀血、肿大，肾皮质和实质内密布针尖大的出血点；胃和十二指肠有卡他性出血溃疡。

（2）疹块型 疹块型猪丹毒的特征性变化是皮肤上出现形状不同的疹块。

（3）慢性型 慢性型猪丹毒的变化是在心内膜上出现花菜样的疣状物，腕关节、跗关节等关节肿大，关节囊有纤维素性渗出物。

【中兽医辨证】 根据中兽医理论，本病可按照清热解毒或宣毒发表、透疹外出的原则进行防治。

【预防】 预防接种是防治本病最有效的方法。每年春秋两季或冬季定期接种猪瘟、猪丹毒、猪肺疫三联苗，或猪丹毒弱毒疫苗，或猪丹毒氢氧化铝甲醛菌苗。使用弱毒苗时，接种疫苗前后饲料中不要添加抗菌药物，以免减弱疫苗的抗原性。

【良方施治】

1. 中药疗法

方1 石膏50克、知母30克、金银花20克、连翘15克、大青叶15克、板蓝根15克、僵蚕10克、薄荷10克、蝉蜕3克。用法：上药水煎候温灌服或研细末后拌料饲喂，每天1剂，连用5~7天。

方2 地龙30克、石膏30克、大黄30克、玄参16克、知母16克、连翘16克。用法：上药水煎分2次喂服，每天1剂，连用3~5天。

方3 金银花、连翘、荆芥、黄连、黄柏、黄芩、栀子、大黄、白芷、木通各6~10克。用法：水煎服，分上、下午各灌1次。高热加石膏；鼻干口燥者加玄参；眼红有眵者加龙胆草、柴胡；粪便燥结不下者加枳实、芒硝；喉痛者加白芍、桔梗。

方4 黄连30克、黄芩30克、黄柏30克、玄参30克、牡丹皮30克、鲜地黄60克。用法：上药水煎5沸，混匀，分5次灌服。

方5 金银花120克、连翘80克、地骨皮12克、黄芩80克、大黄120克、蒲公英150克、三颗针150克、仙鹤草100克、葛根150克、生石膏150克、升麻150克、重楼150克、地丁100克、槟榔50克、地龙85克。用法：水煎灌服，体重15~30千克的猪每次20~40毫升，每天2~3次，连用4~5天。

方6 石膏50克、知母30克、金银花20克、连翘15克、大青叶15克、板蓝根15克、僵蚕10克、薄荷10克、重楼5克、蚕蜕5克。用法：共研末，开水调，候温体重60千克的猪一次灌服，每天1剂，治愈为止。

方7 荆芥、防风各50克，川芎60克，前胡、羌活、独活、柴胡、枳壳各30克，桔梗40克，茯苓、生姜各20克，甘草10克。用法：煎成浓液，冷却后加白酒24毫升，用酒精擦皮肤疹块使之明显，再用中宽针刺放全部疹块恶血，涂擦上述药液直到局部发热，最后用小宽针在山根、尾尖、耳尖放血。

方8 大血藤15克、甘草5克、当归尾10克、金银花15克、连翘25克。用法：白酒适量，水酒合煎，灌服，每天1剂，连用2~3天。热盛烦渴者，加天花粉15克、石斛10克；便秘、腹胀者，加大黄10克、枳实15克；疼痛剧烈者，加穿山甲15克、皂刺15克；挟湿者，加薏苡仁20克、佩兰15克；兼风热表证者，加蝉蜕10克、牛蒡子15克；红肿、灼烧者，加蒲公英、地丁各20克。

方9　大黄、薄荷、桔梗各25克，黄芩、升麻各12克，甘草、酒玄参、柴胡、板蓝根、青黛、连翘、荆芥各30克，马勃10克，牛蒡子15克，滑石60克，陈皮20克。用法：水煎灌服，每天1剂，连用3～4天。

方10　大黄25克，连翘、地榆、知母、甘草各15克，金银花20克，玄参16克，地龙30克（上述药物为1头75千克左右猪的用量）。用法：水煎去渣，熬成200～250毫升，分2次喂服，1天喂完。

2. 西药疗法

方1　抗血清50毫升一次静脉注射或皮下注射；注射用青霉素钠80万～160万国际单位、柴胡注射液10～20毫升，一次肌内注射，连用3～4天。

目前一部分病猪产生抗药性，用青霉素效果欠佳，可改用氨苄青霉素（氨苄西林）静脉滴注。

方2　链霉素按每千克体重20毫克，分2次肌内注射。

方3　20%复方磺胺嘧啶钠10～30毫升肌内注射，首次剂量加倍，每天2次，连用5天。

方4　穿心莲注射液10～20毫升，一次性肌内注射，每天2～3次，连用2～3天。

三、猪链球菌病

猪链球菌病是由链球菌属中致病性链球菌所致的动物和人共患的一种多型性传染病，是主要的细菌性传染病之一。猪链球菌病临床上主要以淋巴结脓肿、脑膜炎、关节炎及败血症为主要特征。

【病原】　链球菌是革兰氏阳性球菌，猪链球菌是世界范围内猪链球菌病最主要的病原。该病菌对各种理化因素的抵抗力均不强，但当与其病料混在一起时，在干燥环境中能存活数周。

【临床症状】　因感染猪日龄、链球菌血清型的不同，发病猪群呈现的临床症状各异。超急性病例往往没有表现症状就倒毙。急性病例的病猪体温上升至41～42℃，有的还超过42℃，精神抑郁、厌食、便干、眼结膜潮红、流泪、鼻流清涕，发病后数小时至一两天猪跛行，三脚站立或爬行，病猪颈、背、四肢、腹下皮肤出现紫红色瘀斑，触之敏感。年龄越小的病猪越易出现脑膜炎和明显的神经症状，如前肢高踏、四肢跪行、无目的转圈等，死前四肢呈游泳状。化脓性淋巴结炎主要见于下颌淋巴结脓肿，呈多发性表现，严重者颈下部呈串珠状，病猪全身症状不明显，脓肿成熟后，可自行破溃排脓。关节炎型通常先出现于1~3日龄的幼猪，仔猪也可发生，表现为跛行和关节肿大（彩图7），呈高度跛行，不能站立，体温升高，被毛粗乱。

【中兽医辨证】 根据中兽医理论，本病可按照清热解毒、清热凉血散瘀、消散疗疮、托里透脓及促脓外出的原则治疗。

【预防】 有本病流行的地区和猪场要免疫，可用死菌苗或弱毒苗进行免疫预防。每吨饲料中加入土霉素400克，连喂2周，有一定的预防效果。进行接生断脐带、去势等操作时要消毒，以防止感染。带菌母猪为主要传染源，应进行及时治疗，并及时淘汰无经济价值的母猪。

【良方施治】

1. 中药疗法

方1 黄连30克、黄芩30克、玄参30克、陈皮30克、甘草15克、连翘40克、板蓝根60克、牛蒡子30克、薄荷30克、僵蚕20克、升麻30克、柴胡30克、桔梗40克、栀子30克、石膏300克、知母30克、紫草50克。用法：水煎2次，合并药液，体重50千克的猪一次胃管灌服。

方2 野菊花60克、忍冬藤60克、紫花地丁30克、白毛夏枯草60克、七叶一枝花15克。用法：煎水拌料饲喂，连用3~5天。

方3 蒲公英30克、紫花地丁30克。用法：煎水拌料饲喂，每天2次，连用3天。

方4 黄连、黄芩、玄参、陈皮、牛蒡子、薄荷、升麻、柴胡、知母、栀子各30克，甘草15克，连翘、桔梗各40克，板蓝根60克，僵蚕20克，石膏30克，紫草50克。用法：水煎2次，合并滤液，体重50千克的猪一次胃管灌服。

方5 野菊花60克、蒲公英40克、紫花地丁30克、忍冬藤20克、夏枯草40克、芦竹根30克、大青叶30克。用法：水煎取汁，10头猪一次拌料喂服，每天1次，连用3~5天。

2. 西药疗法

方1 注射用青霉素240万国际单位、地塞米松4毫克，一次肌内注射，每天2次至痊愈。用于急性败血型。

方2　10%磺胺嘧啶钠注射液20~40毫升，一次肌内注射，每天2次，连用3~5天；用于脑膜炎型。

方3　局部脓肿切开后用适量0.2%高锰酸钾溶液冲洗干净，涂以适量5%碘酊。用于淋巴结脓肿型。

发现患有链球菌病的猪要及时隔离治疗，必须早期用药，剂量适当加大，该菌对药物易产生耐药性，条件许可时可通过药敏试验指导用药。

四、气喘病

气喘病又称支原体肺炎、地方性流行性肺炎，是由肺炎支原体引起的一种以咳嗽和气喘为主要特征的慢性、接触性传染病。

【病原】　肺炎支原体是一类无细胞壁的多形态微生物，对外界自然环境及理化因素的抵抗力不强，病原随病猪咳嗽、喘气排出体外而污染猪舍墙壁、地面及用具，其生存时间一般不超过36小时，日光、干燥及常用的消毒药液都可在较短时间杀灭病原。一般常用的化学消毒药剂均能达到消毒目的。

【临床症状】　本病为一种发病率高、死亡率低的慢性疾病。其主要症状为慢性干咳和气喘。病猪体温一般不高，吃食正常，但病情严重者食欲减退或不食。病初为短声连咳，在清晨出圈后受到冷空气的刺激，或者采食和运动后最容易听到，同时流少量清鼻液，病重时流灰白色黏性或脓性鼻液。病中期咳嗽少而低沉，呼吸加快，每分钟达40~50次，严重者可达100次以上，呈现明显的腹式呼吸。病后期气喘加重，有的猪前肢撑开，呈犬坐姿势张口喘气，并发出哮鸣音，精神沉郁，身体消瘦。若有继发感染，可出现咳嗽加剧、体温升高及衰竭的症状。有些病猪因久病不愈而成僵猪。感染猪之间身体大小差异相当明显。

【病理变化】　主要病变发生在肺脏和肺部淋巴结，两肺肿胀，病变一般从肺心叶开始，逐渐扩展到尖叶、中间叶及膈叶的前下部。病变部为浅灰色或红灰色，和健康组织界限明显，两侧肺叶病变分布对称，切面湿润致密，像新鲜肌肉，俗称“肉变”，指压从上支气管流出灰白色、混浊、黏稠的液体。病情加重时，病变部位颜色变深，呈浅紫色或灰白色，坚韧度增加，透明度降低，外观似胰腺，俗称“胰变”或“虾肉样变”。肺门和纵隔淋巴结显著肿大，呈灰白色，切面外翻，湿润多汁，有时边缘轻度出血。慢性病猪常继发细菌感染，肺脏上可见脓灶形成，引起肺脏与胸膜纤维素粘连，若无其他病并发，除呼吸器官外，其他内脏器官病变不明显。

【中兽医辨证】 根据中兽医理论，本病可按照清热解毒、宣肺止咳平喘和通利咽喉的原则进行防治。

【预防】 未发病地区预防本病，需贯彻自繁自养、全进全出的原则，尽量不从外地购入猪只。对引进的种猪或购进的商品猪苗要进行严格隔离和检疫。同时，还要防止猪群过度拥挤，定期驱虫，做好猪舍卫生消毒工作，保持舍内空气新鲜和温、湿度适当，尽力排除应激因素。已发病地区或猪场要做到早诊断，早隔离，及时消除传染源。妊娠母猪实行单圈饲养，断乳仔猪按窝集中育肥，兽医要严格检查母猪是否带菌或发病，确定病猪后及早挑出并集中隔离饲养，进行有效的药物治疗和消毒处理，逐步确定无本病的健康母猪群。在气喘病发生严重的猪场，应给猪进行疫苗预防接种，增强猪的免疫能力。

【良方施治】

1. 中药疗法

方 1 麻黄、半夏、冬花、桑白皮、苏子、黄芩、百部、葶苈子各 15 克，杏仁 12 克，金银花 30 克，甘草 9 克。用法：共研细末。大猪每次 30～60 克，小猪每次 6～15 克，拌料饲喂，或者用蜂蜜调和抹入猪口内。

方 2 金银花 10 克、连翘 10 克、栀子 6 克、荆芥 10 克、薄荷 10 克、牛蒡子 10 克、杏仁 10 克、桔梗 10 克、前胡 10 克、瓜蒌 10 克、石膏 12 克、甘草 3 克、桑白皮 12 克。用于治疗风热咳喘。上述药煎汤内服，供大猪 1 天 2 次服完，连服 2～3 剂。

方 3 葶苈子 25 克、瓜蒌 25 克、麻黄 25 克、金银花 30 克、桑叶 15 克、白芷 15 克、白芍 10 克、茯苓 10 克、甘草 25 克。用法：水煎一次喂服，每天 1 剂，连用 2～3 天。

方 4 麻黄 9 克、杏仁 9 克、桂枝 9 克、芍药 9 克、五味子 9 克、甘草 9 克、干姜 9 克、细辛 6 克、半夏 19 克。用法：上药研末，每头猪每天 20～45 克拌料饲喂，连用 3～5 天。

方 5 葶苈子 40 克、桔梗 40 克、贝母 30 克、杏仁 30 克、甘草 30

克。用法：水煎候温灌服或粉碎后拌料饲喂，大猪（75千克以上）每天1剂，连用2~3天。

方6　知母、土贝母、杏仁、百部、瓜蒌子、前胡、白前、苏子、桔梗各30克，麻黄25克，枳壳、甘草各20克（50千克猪的剂量）。用法：研末拌料内服，每天1剂，连用1~3天。

方7　知母、桔梗、贝母各25克，黄芩、桑白皮、枇杷叶、葶苈子、款冬花各40克，大黄、麦冬各30克，黄连、甘草各20克。用法：水煎服，每天1剂，连用1~3天。

方8　苏子、百合各15克，麦冬、马兜铃各12克，款冬花、百部各10克，甘草6克。用法：水煎服，每天1剂，连用1~3天，小猪酌减。

方9　杏仁、百合各30克，天花粉、五味子各15克。用法：研为细末，大猪每次15克，每天2次，连用2~3天，拌料喂服。

方10　曼陀罗（叶、花均可）3克。用法：研末或水煎，每次1克，每天1次。

方11　通便10份，葶苈子1份。浸泡24小时。用法：拌料内服，每50千克体重的猪每次40~60克，小猪酌减，每天2次，连喂2天。

2. 西药疗法

方1　林可霉素（洁霉素）按每千克体重50毫克，每天注射1次，连用5天。

方2　泰妙菌素口服，预防用量为每千克饲料50毫克，治疗量加倍，连用2周。

方3　硫酸卡那霉素注射液按每千克体重4万国际单位肌内注射，每天1次，连用3~5天。

宜选用复方制剂，连续用药5~7天为1个疗程，必要时需要进行2~3个疗程的投药，可大大减缓症状，但较难根治。对病猪实行胸腔内或肺内注射给药，效果比较理想。

五、仔猪黄痢

仔猪黄痢是仔猪以拉黄色稀粪为主要症状的一种传染病，多发于3日龄左右的仔猪，发病率高，死亡率也高。7日龄以上的仔猪发病极少。

【病原】 本病的病原是某些致病性溶血性大肠杆菌，为革兰氏阴性菌，无芽孢，常见菌株有：O_8、O_{60}、O_{115}、O_{138}、O_{139}、O_{141}。

【临床症状】 患最急性仔猪黄痢的仔猪常于生下后十几个小时突然发病。2~7日龄仔猪感染时，病程稍长，腹泻是其主要症状。排便次数增加，1小时内数次。粪便呈黄色或白色糊状，含有凝乳小块。病仔猪精神沉郁，不吃乳，口渴，迅速消瘦，眼球下陷，全身衰弱，终因脱水衰竭而死。

【病理变化】 胃、肠黏膜急性卡他性炎症，肠道以十二指肠最严重，空肠、回肠次之。

【中兽医辨证】 根据中兽医理论，本病可按照健脾燥湿、清热止痢为原则进行防治。

【预防】 预防本病首先要做到不从有黄痢的猪场引进母猪；平时做好圈舍和产房环境的清洁与消毒；仔猪吃乳前用0.1%高锰酸钾溶液擦洗母猪乳房和乳头，挤奶少许后再喂乳；保证每一头仔猪都吃到初乳。此外，还应在妊娠母猪产仔前40日和15日各肌内注射大肠杆菌K88、K99、K987P三价灭活苗1次。

【良方施治】

1. 中药疗法

方1 海金沙100克，马齿苋100克，大蒜50克，苦参50克。用法：上药加水1000毫升，煎取200毫升药液，每头每次灌服5~10毫升，每天3次，连用2~3天。

方2 黄连10克，苍术3克，雄黄0.3克，百草霜或茶油饼（煅炭）4.5克，醋或酸菜水适量。用法：先将黄连、苍术研细末，再与雄黄、百草霜（或茶油饼炭末）装瓶密封，用时以醋或酸菜水将药粉调成糊状，用毛笔或小竹片取药涂于仔猪口内，每天1次，分2次服，连服3~4天。

方3 黄连、黄柏、黄芩、白头翁各30克，诃子肉、乌梅肉、山楂肉、山药各15克。用法：共为细末，分9包，每次1包，用温水调匀灌服，每天3次，连用3天。

方4 黄连5克，黄柏、黄芩、金银花、诃子、乌梅、草豆蔻各20克，泽泻、茯苓各15克，神曲、山楂各10克，甘草5克。用法：上药研末分2次喂母猪，早晚各1次，连用2剂。

方5 白头翁2克，龙胆草1克。用法：研末一次喂服，每天3次，连用3天。

方6　白头翁、马齿苋各400克，龙胆草、大蒜各200克。用法：加水4000毫升，小火慢煎，直至煎成800毫升药液，每天每次灌服7毫升，每天2次，连用3天。

方7　白头翁50克、黄柏40克、秦皮30克、黄连30克、黄芪30克、当归30克、板栗雄花序50克。用法：共研细末，哺乳母猪拌料喂服，每天1剂，连用3剂；同时取上药水煎，灌服10头发病仔猪，每天2次，连用3～4天。

方8　牵牛子400克、白头翁500克、皂矾50克、红糖50克。用法：将牵牛子文火炒至膨胀，再加红糖拌炒使之焦脆，冷却后加入白头翁、皂矾，共研细末。预防按每千克体重0.5克，拌料喂母猪，每天2次，连用4～5天。

2. 西药疗法

方1　诺氟沙星注射液按每千克体重0.25～0.5毫升，每天2次肌内注射，连用3天。

方2　恩诺沙星按每千克体重5毫克一次肌内注射，每天2～3次，连用3天；氯化钠3.5克、氯化钾1.5克、小苏打（碳酸氢钠）2.5克、葡萄糖20克，加温开水1000毫升溶解，供乳猪自由饮用。

方3　磺胺脒（SG）200毫克（其中加增效TMP或DVD 40毫克），每天2次，连服3天。

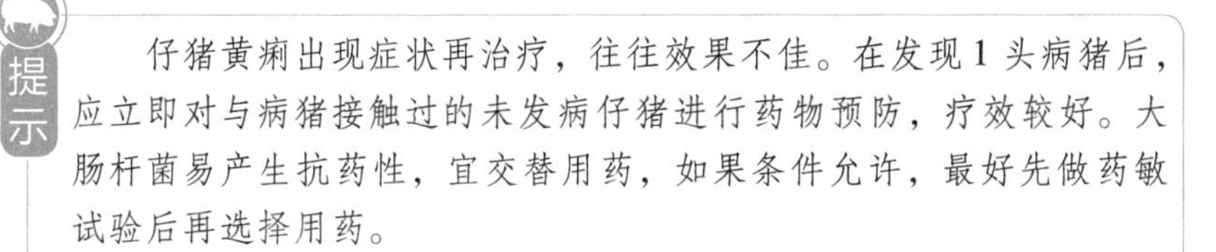

提示

仔猪黄痢出现症状再治疗，往往效果不佳。在发现1头病猪后，应立即对与病猪接触过的未发病仔猪进行药物预防，疗效较好。大肠杆菌易产生抗药性，宜交替用药，如果条件允许，最好先做药敏试验后再选择用药。

六、仔猪白痢

仔猪白痢是由致病性大肠杆菌引起，以2～3周龄仔猪排灰白色、糨糊样稀便和粪便腥臭为特征的一种传染病。

【病原】　病原为致病性大肠杆菌，普通消毒药如0.1%升汞、2%甲醛、3%苯酚作用10～15分钟即可将其杀死。

【临床症状】　病猪体温一般无明显变化，腹泻，排出灰白色、黄白色、浅绿色粪便，有条状、颗粒状、糊状、黏液状、水样，最严重的还带有血丝、气泡。粪便污染后躯，病猪委顿，食欲不振、消瘦、怕冷、脱水。除少数发病日龄较小的仔猪易死亡外，一般病猪病情较轻，易自愈，但多反复而形成僵猪。

【病理变化】 可见肛门和尾部附着带有腥臭的粪便。体表皮肤苍白，肠壁薄而透明，肠黏膜充血、出血，肠内有糊状或膏状内容物，呈白色或灰白色，肠系膜淋巴结水肿。

【中兽医辨证】 根据中兽医理论，热痢一般以清热解毒、燥湿止痢为治则；寒痢以温中健脾、涩肠止泻为治则。

【预防】 一般性预防与仔猪黄痢基本相同。用大肠杆菌 K88-K99 双价基因工程菌苗有较好效果。平时应科学配料，加强饲养管理，对仔猪注意保温，同时注意环境干燥及提早补料，可减少发病。此外，在 1 周龄时给仔猪口服微生态制剂（注意：不能与抗菌药物合并使用），对预防仔猪白痢有较好效果。

【良方施治】

1. 中药疗法

方 1 白头翁 6 克、黄连 1 克、龙胆草 3 克。用法：上药共研细末，和米汤灌服，每天 1 次，连服 2～3 天。适用于热痢。

方 2 杨树花 250 克拌料饲喂母猪；或者杨树花煎液（1 毫升含药 1 克）5～10 毫升，连用 2～3 天喂小猪。适用于热痢。

方 3 瞿麦 250 克煎液喂母猪，或者将瞿麦研细末，于早、中、晚分 3 次混饲料中喂母猪，结合猪舍卫生清洁，常可收到较好疗效（金银花及苦参也有此作用，用量及用法与瞿麦相同）。适用于热痢。

方 4 白头翁、白芍、黄连、陈皮各 15 克，金银花、木通、泽泻、青木香各 10 克。用法：上药共研细末拌入饲料喂服，每 5 千克体重喂药末 15～20 克，每天 2 次，连用 2～3 天，若病猪不吃，可煎水去渣灌服。适用于热痢。

方 5 大蒜头 4 瓣捣碎。用法：喂食前用馍蘸蒜泥给病猪吃。适用于热痢。

方 6 党参、茯苓、砂仁、肉桂各 10 克，白术、扁豆、石榴皮、山药、瞿麦各 15 克，木香 5 克。用法：共研细末，能吃食的猪拌料喂服，不能吃食的掺入奶粉用奶瓶喂服，5 千克小猪每天喂 5～10 克。也可用炒黄的大麦面加适量红糖，再掺药末喂服。适用于寒痢。

方 7　地榆（醋炒）5 份、白胡椒 1 份、百草霜 3 份。用法：共研细末，每次每头猪喂 5 克。适用于寒痢。

方 8　炮姜、炒白术、炒山药等量。用法：共研细末，饲喂母猪，每次 40 克，若仔猪能吃，也可喂给少许，连用 2～3 天。

方 9　雄黄 4 克、藿香 11 克、滑石 15 克。用法：共研为末，仔猪每次 2～4 克，调灌或制成舔剂服。

方 10　黄连粉 3 份、白头翁 4 份、木香粉 2 份、甘草 1 份，樟脑粉少许。用法：先将白头翁加水煎熬，去渣，浓缩为膏状，加入黄连粉、木香粉和甘草混合，干燥后再加入樟脑粉少许混匀。仔猪每 5 千克体重 1 次内服 2～3 克，每天 3 次，连服 3 天。

方 11　柴胡 100 克，桂枝、羌活、独活各 50 克，苍术、陈皮各 100 克，苦参 50 克，松针粉 500 克。用法：共研细末，母猪每次 50～60 克喂服，每天 1～2 次，连用 2～3 天，也可用水调成糊状涂于母猪乳头上，仔猪吮乳时吸服。

方 12　雄黄 0.2 克。用法：加少量面粉，用水调成糊状，抹在舌面。

方 13　牵牛子 500 克、红糖 75 克。用法：先煨炒牵牛子，当膨胀时加入红糖，继续炒至不见糖汁时取出，待凉研末，每次用 6～10 克，开水冲调，候温灌服，连用 2～3 天。

方 14　穿心莲细粉 2 份、地榆 1 份、苦参 1 份、红糖 2 份。用法：先将地榆、苦参加水煎煮，去渣，加入红糖充分搅匀，然后将穿心莲分别加入，调成浓糊状，灌服，仔猪每次 1 药匙（约 1 克），每天 2 次，连用 3 天。

方 15　黄柏、蒲公英、马齿苋、瞿麦各 500 克。用法：上药用水浸泡，加水适量煎熬 20～30 分钟，过滤去渣，药汁浓缩到 1000 克，候温灌服，5 千克以下仔猪每次 5 克，5～10 千克者每次 10 克，10～15 千克者每次 30 克，每天 2 次，连用 2 天。

方 16　猪苓、马齿苋、黄芪各 60 克，大黄炭 50 克，泽泻 40 克，金银花、黄连、厚朴各 30 克。用法：共研细末，开水冲调，搅拌于精料中，让母猪自由采食，每天 1 次，连用 3 天。

方 17　藿香、黄连各 12 克，鸡蛋 1 个。用法：共研细末，以鸡蛋清为引，白痢加白糖适量，红痢加红糖适量，用木舌板抹在舌根上，25 千克的猪每天 1 次，25 千克以下的猪每天 2 次。

2. 西药疗法

方1 硫酸庆大小诺霉素注射液8万~16万国际单位，5%维生素B_1注射液2~4毫升，肌内或后海穴一次注射，也可喂服，每天2次，连用2~3天。

方2 穿心莲注射液5毫升，肌内注射，每天2次。

方3 重水合技术：葡萄糖67.53%、氯化钠14.34%、甘氨酸10.3%、枸橼酸钠0.81%、枸橼酸钾0.21%、磷酸二氢钾6.8%，称取上述制剂64克，加水2000毫升，配成等渗溶液，喂药前断乳2天，每天喂2次，每次1000毫升。

七、猪水肿病

猪水肿病又名大肠杆菌毒血症，俗称小猪摇摆病，是断乳仔猪（断乳后1~2周）的常见多发病，常呈地方性流行，发病率较低，但死亡率高（约90%）。

【病原】 引起本病的病原尚未完全证实，一般认为是一种具有特异血清型的溶血性大肠杆菌所产生的毒素引起的中毒症。

【临床症状】 发病突然，病程短的仅有几个小时，表现为一群（窝）猪中有一头或几头健壮仔猪突然倒地死亡；病程稍长的可见体温升高至39~40℃，食欲减退，精神萎靡，眼睑水肿（彩图8），眼结膜充血，俗称“红眼病”；严重者，水肿可蔓延到颈部、前胸，接着出现神经症状，步态不稳，共济失调，无目的地冲撞、颤抖、鸣叫，最后昏迷死亡。

【病理变化】 最明显的症状是胃大弯水肿，严重者食道和胃底也水肿，切开水肿部位流出浅黄色透明的渗出液。大肠肠系膜水肿，结肠肠系膜胶冻样水肿也很常见（彩图9）。

【中兽医辨证】 本病是病猪常在脾胃肾亏、三焦气化机能失调的情况下，出现以局部水肿或全身瘫痪为特征的一种征候，治宜温阳利水。

【预防】 预防本病必须对乳猪适时补料，以提高其消化吸收能力，切忌突然断乳和更换饲料，保证饲料营养全价均衡。断乳后的仔猪切忌饲喂过饱。在缺硒地区，应注意补充硒和维生素E。猪舍保持清洁干燥，定期消毒。仔猪在断乳前1~7天用猪水肿病多价灭活疫苗肌内注射1~2毫升，有一定预防作用。也可在发病季节用磺胺嘧啶、大蒜等药物预防。中药预防可用：马齿苋50克，松针叶、侧柏叶、苍术各5克，石决明2克，共研细末，混饲料中饲喂，每天早晚各服1次，3天为一个疗程，隔10天再服一个疗程，最好连用3个疗程。

【良方施治】

1. 中药疗法

方1　苍术50克，白术、陈皮、茯苓、桑白皮各40克，大腹皮、川芎、厚朴、桔梗各30克，甘草20克，木通25克，车前草35克，山楂、神曲、麦芽各40克。用法：水煎取汁，对能采食的仔猪，将药汁拌入饲料中，10头体重15千克仔猪1次喂服；对不能采食的仔猪，取药汁50～80毫升候温灌服；每天1剂，连用2天。

方2　白术、茯苓、冬瓜皮各9克，木通、陈皮、石斛、猪苓、泽泻各6克。用法：水煎分2次喂服，每天1剂，连用2天。

方3　桑白皮、陈皮、大腹皮、茯苓皮、鲜生姜皮各15克，土狗（蝼蛄）1个，黄芪16克，大黄20克，槟榔12克。用法：每天1剂两煎灌服，连服3天。

方4　鲜青枣叶、车前各100克，糖30克。用法：上药捣烂饲喂，病重无食欲者灌服，同时停喂饲料3～4天（只给喂药及饮水），有条件者进行放牧，加强运动；每天服3次，连服3～4天。

方5　鲜车前草500克、鲜白茅根750克。用法：水煎取汁，候温灌服，每天1次，连用5～7天。

方6　双花、贯众、山楂各25克，木香、槟榔、陈皮、枳壳、红花各10克，神曲、当归、甘草各16克，生地黄、竹叶各31克，连翘13克。用法：水煎过滤后分2次灌服，连用2～3天，适用于20千克体重的猪。

方7　蒿本、防风、羌活、玄参、蔓荆子、金银花、牛蒡子、射干各15克，桔梗、山豆根各25克。用法：水煎喂服，每天1剂，连用3天。

方8　黄连、黄芩各100克，板蓝根300克，黄柏200克，生地黄200克。用法：水煎去渣，每头灌服20毫升，每天1次，连用3天。

方9　白术、苍术、黄柏各10克，泽泻、陈皮、枳壳、神曲、猪苓、甘草各6克。用法：煎汁2次，分2次灌服，每天每头1剂，连用3天。

方10　甘遂、大戟、芫花（醋炒）、牵牛子、槟榔各1份，商陆2份。用法：上药共研为末，用醋调成糊状，外敷。

方11　车前草100克、鸭跖草100克、蚯蚓20～30条。用法：鲜蚯蚓洗净捣烂，车前草和鸭跖草煎至沸5分钟，去渣，趁热冲泡蚯蚓，候温，分3次灌服或混入饲料中喂服，每天1剂，连用4～5天。

方12 赤小豆100克、商陆16克、生姜10片、大蒜6个。用法：水煎，胃管投服，每天1剂，连用1～2剂；同时将上药研成极细粉，用醋调成糊状，涂水肿处。

方13 蒲公英12克、赤芍6克、泽兰10克、防己6克、白术6克。用法：水煎取汁，灌服，每天1剂，连用3天。

方14 白术、茯苓皮、猪苓、石斛各6克，冬瓜皮10克。用法：水煎取汁，灌服，每天1剂，连用2～3天。

2. 西药疗法

方1 恩诺沙星（海达）4～6毫升，肌内注射，每天2次，连用3天；0.1%亚硒酸钠3～4毫升，深部肌内注射1次，病重者隔5～6天重复注射1次。

方2 硫酸卡那霉素按每千克体重用药25毫克，肌内注射，每天2次，连用3天；5%葡萄糖液200毫升静脉注射，按病情需要和体型大小加减，每天2次，连用2天。内服中药：苍术15克，白术、酒芍、枳壳各10克，肉桂、桂枝、麻黄、广木香各6克，陈皮9克，甘草3克，水煎灌服，每天1剂，连用2天（30千克猪的剂量）。另用通关散（皂角3克，雄黄、细辛各1克，薄荷1克，共研末）少许吹鼻取嚏。

方3 氟苯尼考肌内注射，按每千克体重20～30毫克用药，2天1次。

八、仔猪副伤寒

仔猪副伤寒是由沙门氏菌属细菌引起的1～4月龄仔猪的一种常见传染病，其临床症状可分为急性败血型和慢性腹泻型。

【病原】 猪霍乱沙门氏杆菌和猪伤寒沙门氏杆菌都是革兰氏阴性菌，对外界环境的抵抗力强，在水、土壤中能存活4个月，在干燥的环境中可存活5个月，但常用浓度的消毒药能对其很快灭活。猪伤寒沙门氏杆菌可引起人食物中毒。

【临床症状】

（1）急性败血型 该型主要发生于断乳前后的仔猪。仔猪突然发病，体温升高到41～42℃，食欲废绝。初便秘，后下痢，排黄色、富含黏液的恶臭的稀糊状粪便。病猪呼吸急促，在耳、颈、四肢、嘴尖、尾尖出现蓝紫色干性坏疽（彩图10），通常1～4天死亡。

(2) 慢性腹泻型 该型发病的日龄比急性败血型大些，病猪体温稍升高。初便秘，后呈持续性或间歇性腹泻，排浅黄色或黄绿色的恶臭稀粪，混有血液、坏死组织或纤维素絮片。病猪渐进性消瘦，精神委顿，最后因脱水而死亡。未死的猪成为长期带菌的僵猪。

【病理变化】

(1) 急性败血型 病猪脾脏肿大，切面外翻，呈酱紫色；肝脏肿大，有灰黄色、灰白色粟粒大小的坏死点；胃肠道黏膜充血、水肿，呈急性胃肠炎表现。

(2) 慢性腹泻型 主要病变在盲肠、结肠和回肠，剖检时可见肠黏膜呈弥漫性糜烂，表面被覆一层灰黄色或黄绿色易剥离的麸皮样物质，肠壁粗糙增厚。重症病例，肠黏膜大片坏死脱落，这种变化对诊断很有意义。肝脏、脾脏和肠系膜淋巴结常可见针尖大灰黄色坏死灶或灰白色结节。

【中兽医辨证】 对于单纯的慢性腹泻型副伤寒，中药宜以清解解毒、活血化瘀为治则，或者用卡耳疗法。中西药结合以清热燥湿，凉血解毒，涩肠止泻，滋阴生津，杀菌消炎，调整胃肠机能为治则。

【预防】 加强饲养管理，改善猪的卫生条件，消除本病诱因是预防本病的重要环节。免疫接种十分重要，在常发本病的地区，可用仔猪副伤寒弱毒疫苗进行2次预防接种，能用本场菌株制苗效果更好，第一次在30~40日龄，第二次在60~80日龄，疫苗有口服型和注射型，该疫苗接种后反应较大，接种时尽量减少应激，发现反应猪要及时处理。

【良方施治】

1. 中药疗法

方1 黄连、枳实各10克，黄柏、槟榔各15克，白头翁25克，金银花、茯苓各20克，煨葛根30克。用法：煎水去渣，每天分2次灌服。

方2 白头翁20克，黄柏、黄芩、苦参、金银花各15克。用法：每天2次，连用5天。

方3 连翘、金银花各7.5克，天花粉、鹤虱各5克，白头翁、秦皮、黄芩、芦根、桉树叶各10克。用法：煎水3碗，分3次服。

方4 黄连10克、黄柏30克、秦皮20克、白头翁30克、石膏50克、大黄10克、紫草10克、白茅根（鲜）100克。用法：水煎候温灌服或粉碎后拌料饲喂，每天2次，连用3~5天。

方5 青木香、黄连、白头翁、车前子各10克，苍术6克，地榆炭、烧白芍各15克，烧大枣5枚（为引）。用法：研末一次喂服，每天1剂，连用2~3天。

方6 黄芩、陈皮、连翘、槐木炭各6克，莱菔子、神曲、柴胡、金银花、苦参各9克。用法：水煎分两次喂服，每天1剂，连用2~3天。

方7 黄连10克、黄柏15克、白头翁25个、金银花20克、煨葛根30克、茯苓20克、枳实10克、槟榔15克（15~25千克猪的剂量）。用法：上药煎水去渣，每天分2次灌服。

方8 黄连、黄柏、通草各10克，白头翁、甘草各6克，车前子、滑石粉各15克。用法：研成细末，分4次灌服。

方9 黄连、木香各9克，白芍、槟榔、茯苓各12克，滑石粉15克，甘草6克。用法：水煎灌服，每头猪10~15毫升，每天1剂，连服3~4天。

方10 马齿苋60克、鲜枫叶60克、鲜松针30克。用法：上药一半水煎，另一半加水捣汁，两液混合，喂服，每天2~3次，连用3~4天。

方11 白头翁6克、龙胆草3克、黄连1克、秦皮5克、苦参3克、白芍3克、甘草1.5克。用法：研为细末，和入米汤中灌服，连服3天。

方12 大蒜30克、红糖30克。用法：将蒜煨熟捣烂，加入糖、水混匀，灌服。

方13 在卡耳穴（位于猪耳中下部避开血管处）用宽针平刺皮下，然后用针挑起皮肤使其成为皮下囊，将糊状或干粒状约绿豆粒大小的蟾酥丸塞入囊内（一次只卡一耳，如有必要，1周后再卡另一耳），并用手按一按切口。

方14 金银花、黄芩、山楂各50克，薏苡仁250克，柴胡10克，大青叶、茯苓、生姜各30克，陈皮、白芍、甘草各20克。用法：水煎3次，合并药液，文火浓缩至1000毫升，备用，按每千克体重每次内服2毫升，每天3次，连服2~5天。

2. 西药疗法

方1 丁胺卡那霉素（阿米卡星）注射液20万~40万国际单位，一次肌内注射，每天2~3次直至治愈；大蒜20克捣汁后一次灌服，每天1次，连用2~3天。

方2 诺氟沙星每10千克体重1~2毫升；盐酸山莨菪碱（654-2）每千克体重1~2毫克，分别肌内注射，每天2次，连用5天。

方3 新霉素按每千克体重5~10毫克，一次灌服，每天2次，连服数天。

方 4 氟苯尼考按每千克体重 20 ~ 30 毫克拌料喂服，每天 2 次。

九、仔猪红痢

仔猪红痢又称仔猪梭菌性肠炎、仔猪传染性坏死性肠炎，由 C 型产气荚膜梭菌引起的新生仔猪的高度致死性肠毒血症，以血性下痢、病程短、病死率高、小肠后端的弥漫性出血或坏死性变化为特征。

【病原】 C 型产气荚膜梭菌又叫 C 型魏氏梭菌，属于革兰氏染色阳性菌，广泛存在于自然界，其芽孢体的抵抗力强，用 20% 漂白粉、3% ~ 5% 烧碱水才能杀死。本病主要侵害 3 日龄以内的仔猪，1 周龄以上的仔猪发病很少。

【临床症状】 新生仔猪发病极快，出生后几小时或十几小时即可发病，表现为精神不振，不爱吃乳，排血便，有的粪便呈灰黄色，内含坏死组织碎片，粪便恶臭，还含有小气泡，病仔猪很快出现脱水，常于 2 ~ 3 天死亡。慢性病例，呈间歇性或持续性腹泻（持续 1 周左右），排灰黄色、带黏液的稀便。

【病理变化】 病死猪后躯常粘有血样粪便，被毛粗乱无光泽。小肠特别是空肠黏膜红肿，有出血性或坏死性炎症；肠内容物呈红褐色并混杂小气泡；肠壁黏膜下层、肌层及肠系膜有灰色成串的小气泡；肠系膜淋巴结肿大或出血。

【中兽医辨证】 根据中兽医理论，本病可按照清热解毒、利水涩肠止泻的原则进行防治。

【预防】 本病病程急剧，病猪常来不及治疗就已死亡，应加强预防工作。首先要加强对猪舍、场地和环境的清洁卫生和消毒工作，母猪分娩前，产房和乳头要进行清洗、消毒。有条件的应在母猪产前 30 天和 15 天注射 2 次仔猪红痢灭活苗，新生仔猪通过吃初乳而获得免疫力。

【良方施治】

1. 中药疗法

方 1 黄连、槐米各 70 克，乌梅、柿各 100 克，姜黄 60 克，车前子、仙鹤草、泽泻各 90 克。用法：水煎候温灌服，或者粉碎后拌料饲喂，每天 1 剂，连用 5 天。

方 2 锅底灰 10 克、椿白皮 10 克。用法：煎汤分 2 次灌服，每天 1 剂。

方3 槐米6克、生地炭9克、山楂炭9克、大枣15克。用法：红糖为引，水煎分2次灌服，每天1剂。

方4 仙鹤草200～500克。用法：加水5000毫升，煎至2500毫升，将药液拌入食中喂服，每天3次，大猪每天500毫升，连服3天。

2. 西药疗法

强力霉素（多西环素）按每千克体重2～5毫克，一次肌内注射，每天2次，连用2～3天；痢菌净注射液按每千克体重5毫克，一次后海穴注射，每天1次，连用3天。

提示

本病病程短促，往往来不及治疗。有本病流行的猪场，仔猪出生后，未吃乳前及以后的3天内投服青霉素，或者与链霉素合用，有预防本病的效果。也可投服土霉素进行预防。

十、猪传染性萎缩性鼻炎

猪传染性萎缩性鼻炎是一种由支气管败血波氏杆菌（主要是D型）为主引起的猪的呼吸道慢性传染病。其特征是鼻甲骨萎缩，尤其以鼻甲骨的下卷曲萎缩最为常见，颜面部变形，慢性鼻炎。

【病原】 支气管败血波氏杆菌为革兰氏染色阴性球状杆菌，不能产生芽孢，有周鞭毛，能运动，有两极着色的特点。本菌对外界环境的抵抗力不强，一般消毒药均可杀死病菌。在液体中，58℃经15分钟可将其杀灭。

【临床症状】 受感染的仔猪首先出现打喷嚏和吸气困难，呼吸有鼾声。猪只常因鼻黏膜刺激表现不安定，有的鼻孔流血，在吃食时，常用力甩头，以甩掉鼻腔分泌物，分泌物先是透明黏液样，继之为黏液或脓性物，甚至流出血样分泌物，或者引起不同程度的鼻出血（彩图11）。病猪的眼结膜发炎，常在眼眶下部的皮肤上出现一个半月形的泪痕湿润区，呈褐色或黑色斑痕，称“黑斑眼”。8～10周后，病猪出现鼻甲骨萎缩，致使颜面部变形，当鼻腔两侧的损害大致相等时，鼻腔的长度和直径减小，使鼻腔缩小，可见到病猪的鼻缩短，向上翘起；当一侧鼻腔病变较严重时，可造成鼻子歪向一侧（彩图12）。病猪体温正常，生长发育迟滞，有些病猪由于某些继发细菌通过损伤的筛骨板侵入脑部而引起脑炎，发生鼻甲骨萎缩的猪群往往同时发生肺炎。

【病理变化】　最特征的病理变化是鼻腔的软骨和鼻甲骨的软化和萎缩，尤其是下鼻甲骨的下卷曲受损害，鼻甲骨上、下卷曲及鼻中隔失去原有的形状，弯曲或萎缩。鼻甲骨严重萎缩时，使腔隙增大，上、下鼻道的界限消失，鼻甲骨结构完全消失，常形成空洞。

【预防】　要想有效地控制本病，必须执行一套综合性兽医卫生措施。无本病的健康猪场坚决贯彻自繁自养，加强检疫工作及切实执行兽医卫生措施。必须引进种猪时，要到非疫区购买，并在购入后隔离观察2~3个月，确认无本病后再合群饲养。发现病猪立即淘汰。预防本病可用支气管败血波氏杆菌Ⅰ相菌油佐剂灭活疫苗，对妊娠猪产前2个月及1个月各皮下注射1次，剂量分别为1毫升及2毫升；下一胎在预产期前1个月加强免疫1次，剂量为2.5毫升。非免疫母猪所产仔猪，在1周龄及3~4周龄时各皮下注射1次。此外，还可用支气管败血波氏杆菌Ⅰ相菌和产毒素D型多杀巴氏杆菌制成的二联灭活菌苗免疫接种预防。

【良方施治】

1. 中药疗法

方1　当归15克、栀子15克、黄芩15克、知母12克、白蘚皮12克、麦冬12克、牛蒡子12克、射干12克、甘草12克、川芎12克、苍耳子13克、辛夷9克（30千克猪的剂量）。用法：上药水煎去渣内服，每天1剂，连用3~5天。

方2　双花15克、苍耳子20克、辛夷12克、黄柏15克、丹参12克、连翘12克、生石膏20克。用法：水煎内服，每天1剂，连用3~5天。

方3　防风、半夏、百合、贝母、大黄、白芷、薄荷各16克，桔梗、冬花各22克，细辛9克，蜂蜜62克。用法：上药共研细末或水煎分2次内服，每天1剂，连用3~5天。

2. 西药疗法

方1　每1000千克饲料拌入磺胺二甲嘧啶100克，喂服，连续用药5周。

方2　每1000千克饲料拌入泰乐菌素100克、磺胺嘧啶100克，喂服，连喂4~5天。

方3　链霉素0.5~1克，一次肌内注射，每天2次，连用5天。

十一、猪痢疾

猪痢疾又叫猪血痢，是由猪痢疾蛇形螺旋体引起的一种严重的肠道传染病，主要临诊症状以严重的黏液性或黏液出血性腹泻为特征。

【病原】 病原为猪痢疾蛇形螺旋体，在新鲜病料暗视野显微镜下可见活泼的螺旋状。猪痢疾蛇形螺旋体对外界环境有较强的抵抗力，但对消毒药的抵抗力不强，普通浓度的过氧乙酸、来苏儿和氢氧化钠能迅速将其杀死。

【临床症状】 潜伏期可从2天至2个月以上，最常见的症状是出现程度不同的腹泻。最急性型往往突然死亡。大多数往往呈急性型，一般是先拉软粪，渐变为黄色稀粪，内混黏液或带血。病猪精神沉郁，食欲减退，体温升高到40～40.5℃，持续性腹泻。病情严重时所排粪便呈红色糊状，内有大量黏液、血液及脓性分泌物，呈棕色、红色或黑红色。发病后期排粪失禁。病猪肛门周围及尾根被粪便沾污，起立无力，极度衰弱死亡。慢性型发病时轻时重，出现黏液出血性腹泻，粪便呈黑色（俗称黑痢），生长发育受阻。

【病理变化】 病死猪一般显著消瘦，被毛被粪便污染。病变主要在大肠（结肠、盲肠），回盲斑为明显分界。急性期，大肠肠壁和肠系膜充血、水肿，黏膜肿胀，覆盖黏液、血块及纤维素性渗出物，当病情进一步发展时，肠壁水肿减轻，而黏膜炎症加重，由黏液出血发展为出血性纤维素炎症，黏膜表层坏死，形成黏液纤维蛋白伪膜，外观呈麸皮样或豆腐渣样，剥出伪膜则露出浅表的糜烂面。

【预防】 本病尚无疫苗可供预防，在饲料中添加杆菌肽（按250克/1000千克饲料拌料）、泰乐菌素（100克/1000千克饲料拌料）、洁霉素（林可霉素，40克/1000千克饲料拌料）等可控制发病，但难以根除。主要采取综合预防措施，并配以药物防治，才能有效控制或消灭本病。首先禁止从疫区购入带菌种猪，必须引进时需隔离观察和检疫1个月。在非疫区发现本病，最好全群淘汰，彻底清扫和消毒，并空圈2～3个月，再由无病猪场引进新猪，方能根除本病。

【良方施治】

1. 中药疗法

方1 黄柏15克、黄连10克、黄芩10克、白头翁20克。用法：水煎，候温一次灌服，每天1剂，连用2～3天。

方2　后海穴，水针，注入10%葡萄糖注射液1～2毫升、0.5%普鲁卡因注射液1～2毫升、双黄连注射液2毫升等，每天1次，连续2～3天。

方3　白头翁10克、炒槐米5克、鸦胆子5克、黄连3克、黄芩5克、黄柏3克、苦参5克、罂粟壳3克、马齿苋3克、甘草2克。用法：加温水500毫升，浸泡24小时，煮沸后用纱布过滤，另取大蒜10克，捣烂，加白酒30毫升，猪每次口服25～50毫升，每天2次，连用2～3天。

方4　乌梅15克，黄连、黄柏各10克，当归9克，桂枝10克，蜀椒8克，党参8克，附子9克，细辛3克，干姜3克。用法：共为细末，开水冲服，每天1剂，连用3天。

方5　穿心莲60克。用法：加水喂服，每天1剂，连用2～3天。

方6　黄柏15克、黄连10克、黄芩10克、白头翁20克。用法：水煎候温1次灌服，每天1剂，连用2～3天。

方7　鲜侧柏叶120克，鲜马齿苋、鲜韭菜各150克。用法：煎汁灌服，每天1剂，连用2～3天。

2. 西药疗法

方1　杆菌肽500克/1000千克饲料拌料，连用21天，预防量减半。

方2　泰乐菌素0.057克/1000千克水，连饮3～10天。

方3　洁霉素（林可霉素）100克/1000千克饲料拌料，连用21天。

方4　磺胺脒按每千克体重0.1克；甲氧苄氨嘧啶（甲氧苄啶）按每千克体重30毫克，一次内服，每天2次，连服数天。

方5　硫酸新霉素300克/1000千克饲料拌料，连喂3～5天，预防量减半。

注意

该病治后易复发，必须坚持治疗和改善饲养管理相结合，方能收到好的效果。

十二、猪坏死杆菌病

猪坏死杆菌病是由坏死梭杆菌引起的各种哺乳动物和禽的一种创伤性传染病。本病的特征是在损伤的皮肤和皮下组织、口腔和胃肠道黏膜发生坏死，并可在内脏器官形成转移性坏死灶。

【病原】 坏死梭杆菌为多形的革兰氏染色阴性菌，呈球杆状或短杆状，在病变组织或培养基中常呈长丝状，为严格厌氧菌。本菌对理化因素抵抗力不强，常用消毒药液，如3%克辽林、3%~5%甲酚皂溶液、0.5%石炭酸、1%福尔马林、1%高锰酸钾均可杀死。但在粪便中可存活50天。在污染的土壤和有机质中能存活较长时间，如遇冬季则数月不死。

【临床症状】 猪坏死杆菌病潜伏期短者数小时，长的可达1~3周，通常1~3天。根据发病部位的不同，可分为4型。

（1）坏死性皮炎 坏死性皮炎俗称花疮、开疮，是最常见的病型，多见于架子猪和仔猪。病猪颈、胸侧、背部、臀、尾、耳、四肢下部等的皮肤及皮下发生坏死和溃疡。病初创口较小，皮肤微肿，表面盖有一层干痂、质硬，但无热痛。随后痂下组织发生坏死，形成较大的囊状坏死区，坏死组织腐烂，形成大量灰黄色或灰棕色恶臭液体，并可从坏死皮肤破溃处流出，最后皮肤发生溃烂。严重时坏死深达肌肉，甚至波及骨骼。当内脏出现转移性病灶时，其症状更明显，少食或废食，体温升高，常因恶病质死亡。

（2）坏死性口炎 坏死性口炎俗称白喉，多发生于仔猪。病猪厌食、体温升高、流涎、口臭、流鼻液和气喘；检查口腔时，可见舌、齿龈、上颌、颊部、喉头等处黏膜有伪膜形成，灰褐色或灰白色，易剥脱。伪膜下有浅黄色化脓性坏死病变，具有特殊臭味。病猪多经5~10天死亡。

（3）坏死性肠炎 常继发或并发猪瘟和仔猪副伤寒，病猪表现为严重腹泻，排出带脓样黏稠稀便，或者混杂坏死黏膜，恶臭，病猪逐渐消瘦。剖检时，可见胃肠道黏膜坏死和溃疡，溃疡表面覆盖坏死伪膜，剥离后可见大小不等的不规则的溃疡灶。

（4）坏死性鼻炎 病猪鼻黏膜上出现溃疡，并覆有黄白色伪膜，可蔓延至鼻甲骨、气管和肺脏。表现为咳嗽，从鼻孔流出脓性鼻液，减食，呼吸困难。病猪或有腹泻、消瘦，或见病猪死亡。

【病理变化】 坏死性皮炎，除在外表可发现有组织坏死病灶外，一般内脏也可见转移坏死灶。在受害器官上有数量不等、大小不同的灰黄色坏死结节，切面多干燥。若有猪瘟、仔猪副伤寒并发或继发时，会出现相应的肠道的病理变化。

【预防】 防止本病发生，关键是避免猪的皮肤和黏膜发生损伤。要避免拥挤，防止猪只相互咬斗和发生外伤，在运输时不宜装运太多。注意观察猪群，一旦发现猪只有外伤时，应及时进行创口处理，涂擦碘酒以防感染，同时加强饲养管理工作，搞好环境卫生。发病猪舍，要清除猪圈中的污水、污物，并进行严格的消毒。病死猪及病猪腐败组织及时深埋，其上撒盖漂白粉或生石灰。

【良方施治】

1. 中药疗法

方 1　龙骨 30 克、枯矾 30 克、乳香 20 克、海螵蛸 15 克。用法：共研细末，适量敷布于患部，每天 1 ~2 次，连用 3 ~5 天。

方 2　大黄末 500 克，干净又未经水化的熟石灰适量。用法：用砂锅或清洗干净的长瓦片，在炭（或炉）火上烤烫，然后加入熟石灰炒热，再加入等量的大黄末，边加边搅，焙成粉红色粉末，待冷装瓶，封口备用。用药前，详细检查病猪患部。先用 5% 来苏儿消毒清拭溃疡面及病灶部，适当扩创，彻底切（剥）除坏死组织。用 5% 来苏儿棉纱布向已切除的囊状坏死灶深部揩拭，汲干；再用 1% 高锰酸钾液浸泡 3 ~5 分钟，再汲干，撒布大黄石灰散；最后用消毒纱布（或药棉）堵塞创口，以防药粉落掉。每隔 4 ~5 天换药 1 次。

2. 西药疗法

治疗本病首先必须彻底清除创内坏死组织至露出红色创面为止，然后用 1% 高锰酸钾或 3% 过氧化氢（双氧水）冲洗，最后选用以下一种药物涂擦或填充。

方 1　雄黄 30 克、陈石灰 100 克，加桐油调成糊状，填满疮口。

方 2　涂擦 1∶4 的福尔马林木焦油合剂。

方 3　撒布 1∶1（等量）的高锰酸钾和木炭粉末。

方 4　填充大黄石灰粉（先将大黄 1 份煮沸 10 分钟，再掺入 2 份陈石灰，除去大黄，搅拌均匀，研为细末）。

十三、猪钩端螺旋体病

钩端螺旋体病是由致病性钩端螺旋体引起的一种复杂的人畜共患传染病和自然疫源性传染病，在家畜中主要发生于猪、牛、马、羊、犬，临床表现形式多样，主要有发热、黄疸、血红蛋白尿、出血性素质、流产、皮肤和黏膜坏死、水肿等。

【病原】　钩端螺旋体有很多血清群和血清型，引起猪钩端螺旋体病的血清群（型）有波摩那群、致热群、秋季热群、黄疸出血群，其中波摩那群最为常见。钩端螺旋体对外界环境有较强的抵抗力，可以在水田、池塘、沼泽和淤泥里至少生存数月，对酸、碱和热较敏感。一般的消毒剂和消毒方法都能将其杀死。常用漂白粉对污染水源进行消毒。

【临床症状】 潜伏期一般为3～7天。猪感染后多数无临床特征，呈隐性经过，但可长期带菌和排菌，可达5～10个月，极少数症状明显，表现为精神萎靡，体温升高，厌食，便秘腹泻，尿呈红色，水肿和黄疸，见或发生死亡。妊娠母猪流产，产死胎、弱仔（仔猪不能站立，不会吸乳，1～2天死亡）。个别表现脑膜炎症状。

【病理变化】 急性者肉眼可见皮肤、皮下组织、浆膜和黏膜黄染，心脏、肺脏、肾脏、肠和膀胱黏膜出血。肝大，呈黄棕色，胆囊肿大充盈。皮肤发生坏死，皮下水肿。心包和胸腹腔有黄色积液。膀胱积有血红蛋白尿或似浓茶样的胆色素尿液。

【中兽医辨证】 本病有时由外邪引起，毒从邪来，热由毒生，热毒为患，为本病致病的主要因素。因此治疗不论卫分之解表，或气分之清气，或营血之清营凉血，均应以解毒为主。

【预防】 预防本病应防止水源、农田污染，做好猪舍的环境卫生消毒，搞好灭鼠工作，发现病畜及时隔离进行检查治疗，并对排泄物（如尿、痰和病人的血、脑脊液等）进行消毒。存在有本病的猪场可用灭活菌苗对猪群进行免疫接种。

【良方施治】

1. 中药疗法

方1 金银花、连翘、黄芩、生薏苡仁各12克，赤芍、蒲公英各16克，玄参、黄柏各9克，茵陈19克。用法：研末一次喂服，每天1剂，连用2～3天。

方2 茵陈19克，黄连、大黄、黄芩各6克，黄柏、栀子各9克。用法：研末一次喂服，每天1剂，连用3天以上。

2. 西药疗法

方1 青霉素、链霉素、金霉素、土霉素等抗生素对本病具有较好效果，轻微病例可以连续治疗2～3天，重症5～7天。

方2 10%氟甲砜霉素按每千克体重0.2毫升，肌内注射，每天1次，连用5天。

方3 磺胺-5-甲氧嘧啶，每千克体重0.07克，肌内注射，每天2次，连用5天。

方4　感染猪群可用土霉素按0.75～1.5克/千克饲料拌料，连喂7天，可以预防和控制病情。

十四、猪葡萄球菌皮炎

猪葡萄球菌（猪渗出性皮炎）又称溢脂性皮炎或煤烟病，本病是由葡萄球菌严重感染引起的疾病。本病主要感染初生哺乳仔猪和刚断乳仔猪。

【病原】　葡萄球菌是猪常见的一种共栖菌，可分为金黄色葡萄球菌和白色葡萄球菌两种，金黄色葡萄球菌引起的皮炎临床症状多见。猪葡萄球菌对不利的条件具有很强的抵抗力，并能在环境中存活很长时间。带菌猪是本病的主要传染源。

【临床症状】　病猪初期表现为精神不振，结膜发炎，有眼眵。病猪皮肤有红斑并变厚，继而在腹下、内股等处出现水疱及脓疱，破裂后流出渗出液，渗出液与皮屑、皮脂腺和污垢混合，逐渐蔓延至全身表皮，干燥后形成微棕色鳞片状结痂。随着病情继续发展，体温升高，猪体消瘦，全身性皮肤发红，出现黄褐色脂性渗出物，尘埃附着，发出恶臭味，表皮增厚、干燥、皲裂，污秽不堪，继而病猪呼吸困难，衰弱，出现伴有脱水症状的败血症而死亡。

【病理变化】　病猪全身出现黏液胶样渗出，恶臭，全身皮肤形成黑色痂皮，肥厚干裂。刮掉结痂的皮肤表层与真皮层相交处有出血点。全身淋巴结肿胀，出血。心冠脂肪出血，心脏表面有大小不等的脓性坏死灶。肝脏、脾脏肿胀，出现瘀血。

【预防】　本病属于条件性致病菌，因此要加强猪群饲养管理，特别是仔猪出生、断乳仔猪的饲养，保证猪只有足够的营养，环境适宜，以提高其抗病力。同时，彻底消灭螨、虱，切断传染途径。母猪产房应保持清洁卫生，产房及栏舍要彻底消毒，对猪体、圈舍、场地定期彻底消毒。有条件者可自制灭活菌苗预防。

【良方施治】

1. 中药疗法

方1　金银花、板蓝根各200克。用法：共研细末，每次25克，每天2次拌料喂母猪，连用数天。

方 2 鱼腥草 15 克、五倍子 10 克、地榆 7 克。用法：上药加水 300 毫升，水煎至 100 毫升，冲洗患部后创面涂擦金霉素软膏或红霉素软膏，每天 1 次，一般连用 3 ~5 天即可见效。

2. 西药疗法

方 1 患病初期可用抗生素，如青霉素 80 万 ~120 万国际单位，一次肌内注射，每天 2 次，连用 3 天。

方 2 土霉素 300 克/1000 千克饲料拌料，连续饲喂 14 天。

方 3 用温肥皂水清洗患部，擦干后涂磺胺软膏或水杨酸软膏。

十五、猪破伤风

破伤风俗称“锁口风”“脐带风”“强直症”，是由破伤风梭菌引起的人畜共患的中毒性、创伤性传染病。本病的特征是病猪全身骨骼肌或某些肌群呈现持续的强直性痉挛和对外界刺激的兴奋性增高。

【病原】 破伤风梭菌为革兰氏染色阳性菌，其繁殖体对一般理化因素的抵抗力不强，煮沸 5 分钟死亡，常用的消毒药液均能在短时间内将其杀死。但芽孢型破伤风梭菌的抵抗力很强，在土壤中能存活几十年，煮沸 1 ~3 小时才能死亡；5% 石炭酸经 15 分钟，5% 甲酚皂溶液经 5 小时，0.1% 升汞（氯化汞）经 30 分钟，10% 碘酊、10% 漂白粉和 30% 过氧化氢经 10 分钟，3% 福尔马林经 24 小时才能杀死芽孢。

【临床症状】 本病潜伏期最短为 1 天，最长可达 90 天以上。潜伏期的长短与动物种类、创伤部位有关，如创伤距头部较近，组织创伤伤口深而小，创伤深部损伤严重，发生坏死或创口被粪土、痂皮覆盖等，潜伏期缩短，反之则长。其主要症状是四肢僵硬，运动不灵活，两耳竖立，尾部不活动，牙关紧闭，流涎，瞬膜凸出，对外界刺激兴奋性增高，轻微刺激（光、声响、触摸）可使病猪兴奋性增强，痉挛加重，发出尖细叫声。重者发生全身肌肉痉挛和角弓反张。

【病理变化】 无特征性的病理变化。

【中兽医辨证】 根据中兽医理论，本病初期祛风解毒、镇惊止痉，并结合扩创烧烙，以清除毒源；中期祛风定惊、解毒止痉，和血通络，以祛毒邪；后期清热息风，除痰镇痉，益气养阴，以扶正祛邪。

【预防】 防止和减少伤口感染是预防本病十分重要的办法。在去势、断脐带、断尾、接产及外科手术时，工作人员应遵守各项操作规程，注意术部和器械的消毒及无菌操作。在饲养过程中，如果发现猪只有伤口，应及时进行处治，也同时注射破伤风抗血清3000~5000国际单位预防，会收到好的预防效果。如有必要，在手术之前1个月左右皮下注射破伤风类毒素1毫升进行预防。

【良方施治】

1. 中药疗法

方1　天麻35克、炮天南星30克、防风30克、荆芥穗40克、葱白1根。用法：水煎喂服，每天1剂，连用3~4天。

方2　全蝎、蜈蚣各5克，蝉蜕10个，麻黄50克，桂枝5克，当归50克，细辛2.5克，葱2根，姜10克。用法：水煎分2次喂服，隔天1剂，连用2~3剂。

方3　壁虎焙干后放到瓶中密封备用。治疗时，10千克以内的猪用2只壁虎，11~20千克的猪用3~5只壁虎，21~30千克的猪用6~9只壁虎，31千克以上的猪再适当多加，将壁虎研成碎末并加入适量的清水调和，给猪1次灌服，每天1次，一般连用3~5天就可以治愈。

方4　干蝎2克、麝香0.2克。用法：上药共研粉末，一半吹鼻，另一半敷伤口，效果良好。

方5　白花蛇50克、朱砂3克、半夏50克、天麻50克。用法：上药共研细末，每次服50克，用热黄酒500毫升灌之速愈。

方6　蝉蜕30克、金银花100克。用法：水煎内服。

方7　天麻、天南星、乌梢蛇、独活、土鳖各9克，防风12克，蜈蚣4条。用法：煎汤另加朱砂9克，用黄酒120毫升冲服。小便不通者，加木通、车前子各9克；便秘者加大黄、朴硝各15克。

方8　蝉蜕25克。用法：加水250毫升，煎至125毫升左右，去渣候温徐徐灌服，连服5~7天。配合锁口、开关穴针刺，百会穴注射青霉素1~2次，效果更好。

方9　荆芥4克、蝉蜕30克。用法：水煎灌服。

2. 西药疗法

发病后，首先将病猪放置在安静、阴暗处，避免光、声等外界刺激。彻底清除伤口内外的坏死组织，并用3%过氧化氢或5%碘酊消毒，或者用烙铁烧烙，并在伤口周围用1%普鲁卡因10毫升、青霉素80万国际单位分点封闭，每天1次，连用2~3天。给予充足饮水和软嫩易消化、营养丰富的饲料，若牙关紧闭不能采食，则每天投喂流质食物或静脉注射葡萄糖液。中和毒素可用破伤风抗毒素20万~80万国际单位肌内注射或静脉注射。如果病猪强烈兴奋和痉挛，可用有镇静解痉作用的25%硫酸镁溶液4~10毫升/头，肌内注射，每天1次，连用2~3天。牙关紧闭，不能开口吃食者用3%烟酸普鲁卡因溶液3~5毫升进行锁口、开关穴注射。为维持病猪体况，可根据病猪的具体病情注射葡萄糖盐水、维生素制剂、强心剂和防止酸中毒的5%碳酸氢钠溶液等多种综合对症疗法。

十六、猪李氏杆菌病

猪李氏杆菌病是由产单核细胞李氏杆菌引起的人畜共患传染病，病猪以脑膜脑炎、败血症和单核细胞增多症、妊娠母猪发生流产为特征。

【病原】 产单核细胞李氏杆菌为革兰氏染色阳性菌，无荚膜，不形成芽孢，在抹片中单个分散或两个菌排成V形或并列。本菌对热的耐受性较强，常规巴氏消毒法不能杀灭它，65℃经30~40分钟才能被杀灭。兽医上常用的消毒药都易使之灭活。

【临床症状】 本病可分为败血型、混合型和脑膜脑炎型。

（1）败血型 败血型多见于哺乳仔猪，病猪无特殊症状突然死亡，病程为1~3天，死亡率高。

（2）混合型 混合型也多见于哺乳仔猪，病猪常突然发病，体温升高至41~41.5℃，不吮乳，呼吸困难，粪便干燥，排尿少，皮肤发紫，后期体温下降。多数病猪表现为脑膜脑炎症状，病初意识障碍，兴奋、共济失调、肌肉震颤、无目的地走动或转圈，或者不自主地后退，或者以头抵地呆立；有的头颈后仰，呈观星姿势；严重者倒卧、抽搐、口吐白沫、四肢乱划动，遇刺激时则出现惊叫。病程为1~3天，长的可达4~9天。幼猪病死率很高，成年猪可能耐过。

（3）脑膜脑炎型 单纯脑膜脑炎型大多发生于断乳后的仔猪，也可见于哺乳仔猪、妊娠母猪，其症状与混合型相似，但病情稍缓和。病猪体温、食欲、粪尿一般正常，病程长，通常以死亡告终。

【病理变化】 败血型死亡的病猪体表皮肤（如腹下、股内侧）有弥漫性出血点，肝脏可见多处坏死灶，脾脏偶尔可见。有神经症状的病死猪的脑和脑膜充血或水肿，脑脊液增多、混浊，脑干变软，有小化脓灶。脑髓质偶尔可见软化区。发生流产的母猪可见子宫内膜充血并发生广泛坏死，胎盘子叶常见有出血和坏死。流产胎儿的肝脏有大量小的坏死灶，胎儿可发生自体溶解。

【预防】 目前尚无有效的疫苗用于本病的预防。预防本病应做好平时的饲养管理，处理好粪尿。减少饲料和环境中的细菌污染。不要从有病的猪场引种，做好猪场的灭鼠工作，定期驱除猪体内外的寄生虫。

【良方施治】

1. 中药疗法

方1 栀子、黄芩、合欢皮、菊花、大黄、茯苓、远志各12克，生地黄16克，木通9克，芒硝30克。用法：水煎1次喂服，每天1剂，连用3天以上。

方2 钩藤15克，栀子、菊花、生地黄、茯苓各12克，远志15克，琥珀1.2克。用法：煎水内服，每天1剂，连用3天以上。

2. 西药疗法

方1 磺胺嘧啶钠按每次每千克体重0.07～0.1克，肌内注射，每天2次，连续注射3～5天；再口服长效磺胺按每次每千克体重0.1克，每天1次，经3周左右可控制疫情。

方2 2.5%恩诺沙星注射液按每千克体重0.1毫升，肌内注射，每天1次。

十七、猪附红细胞体病

猪附红细胞体病是由附红细胞体寄生于多种动物和人的红细胞表面、血浆及骨髓等部位所引起的一种散发的热性、溶血性人畜共患传染病。

【病原】 病原为立克次氏体目的猪附红细胞体，它寄生于血液里，附着在红细胞的表面或细胞内，也可游离在血浆中。在一般涂片标本中观察，其形态为多形性，如球形、环形、盘形、哑铃形、球拍形及逗号形等，大小波动较大。附红细胞体的抵抗力不强，在60℃水中1分钟后即停止运动，在100℃水中1分钟全部灭活，对常用消毒药物一般很敏感，可迅速将其杀灭，但在低温冷冻条件下可存活数年之久。

【临床症状】 根据其临床症状可分为急性型和慢性型两种。

（1）急性型 新生仔猪感染后症状明显，主要表现为高热，半小时后出现死亡，两天内全窝死亡。仔猪发病突然，卧地不起，精神沉郁，哺乳减少或废绝，体温高达40℃以上，可视黏膜苍白，黄疸，耳尖放血稀薄，耳背出现紫红色斑块，指压不褪色。病猪1天至数天死亡。急性病例的成年母猪感染后主要呈现持续高热，体温高达40～42℃，厌食，有时乳房和阴唇水肿，产仔后泌乳量减少，缺乏母性，产仔第3天后逐渐恢复并自愈。

（2）慢性型 仔猪表现为眼结膜苍白，耳尖冰凉。开始耳尖出现紫红色斑点，后连成片，2天后出现黄豆大小的紫斑，上有糠麸状鳞屑，逐渐两耳发绀呈蓝紫色，耳尖及耳边变干，呈干性坏死皲裂。同时腹泻与便秘交替出现。随着病情加剧，病猪后肢无力，行走时左右摇摆。白色皮肤的猪，有时在胸腹部沿毛根出现铁锈色出血点，呈渐进性消瘦。母猪慢性感染，呈现衰弱，黏膜苍白及黄疸，不发情或屡配不孕，如有其他疾病或营养不良，可使症状加重，甚至死亡。

【病理变化】 主要病理变化为贫血及黄疸，皮肤及黏膜苍白，血液稀薄、色浅、不易凝固。病死猪淋巴结水肿，出血，切面外翻，有液体流出，多数有胸水和腹水；心包积水，心外膜有出血点，心肌松弛成煮熟样；肝脏肿大变性，呈黄棕色，表面有黄色条纹状或灰白色坏死灶。胆囊肿大为正常时的1～3倍，内部充满浓稠明胶样胆汁。脾脏肿大变软，呈暗黑色，有的脾脏有针头大至米粒大灰白（黄）色坏死结节。

【预防】 本病目前尚无有效疫苗，防治本病主要采取一般性防疫措施，坚持自繁自养原则，加强检疫，尽量不从外地引种。日常加强饲养管理，保持猪舍、饲养用具的卫生，减少不良应激等是防止本病发生的关键。夏秋季节要经常喷洒杀虫药物，防止昆虫叮咬猪群，切断传染源。在实施诸如预防注射、断尾、打耳号、去势等饲养管理程序时，均应更换器械、严格消毒。本病流行季节给予预防用药，可在饲料中添加土霉素或金霉素添加剂。

【良方施治】

1. 中药疗法

清瘟败毒散加减：金银花、连翘、玄参、牡丹皮、枳壳、常山各15克，大青叶、生地黄各20克，黄连、竹叶、槟榔、柴胡、大黄、黄芩各10克，石膏40克。用法：煎水饮服，每天1剂，连用2～3天。

2. 西药疗法

方1 土霉素、四环素，每天的剂量为每千克体重15～30毫克，分2

次肌内注射，连续使用。也可按土霉素600克/1000千克饲料混喂，连用2周，停药3天，再连用1周。

方2 强力霉素（多西环素）按每千克体重0.1克内服，连用3~5天。

方3 血虫净（贝尼尔）按每千克体重5~10毫克，用生理盐水稀释成5%的溶液，深部肌内注射，每天1次，连用3~5天。

方4 每千克饲料中添加阿散酸（对氨苯胂酸）100毫克，连续使用30天。

第三章

猪常见寄生虫病

第一节　猪蠕虫病防治

一、猪蛔虫病

猪蛔虫病是猪蛔虫寄生于猪小肠中引起的一种线虫病。本病流行较广，严重危害3~6月龄的仔猪。

【病原】 猪蛔虫为浅黄色、圆柱状大型线虫，雄虫长12~15厘米，直径约3毫米，尾端向腹面弯曲；雌虫长20~40厘米，直径约5毫米。成虫寄生于猪小肠内，蛔虫卵随粪便排出，在适宜条件下经10~40天发育成感染性虫卵。猪吞食被虫卵污染的饲料与饮水而感染，在小肠内幼虫逸出，钻入肠壁，经血液循环至肝脏、肺脏，后随咳嗽、吞咽再返回小肠发育为成虫。

【临床症状】 猪吞食了感染性猪蛔虫卵而被感染。大量幼虫移行至肺脏时，引起蛔虫性肺炎，临诊表现为咳嗽、呼吸增快、体温升高、食欲减退、被毛粗乱和精神沉郁。猪蛔虫成虫机械性地刺激肠黏膜，引起腹痛。成虫夺取猪体大量的营养，造成仔猪发育不良，生长受阻，被毛粗乱，常是形成僵猪的主要原因。蛔虫数量多时常凝集成团，堵塞肠道，导致肠破裂。有时蛔虫可进入胆管，造成胆管堵塞，引起黄疸等症状。又因虫体能分泌毒素，作用于中枢神经和血管，引起仔猪痉挛、皮肤过敏等一系列症状。

【病理变化】 剖检可见小肠内的蛔虫成虫。幼虫经肝脏移行时，可在肝脏上见到云雾状白斑，但只有在屠宰时才会被发现。

对于2月龄内的哺乳仔猪，其小肠内通常没有成虫，故不能用粪便检查做出生前诊断，应仔细观察其呼吸系统的症状和病变，剖检时可取肺脏和肝脏，用贝尔曼法分离幼虫，以求确诊。

【中兽医辨证】　根据中兽医理论，本病可按照杀虫消积、健脾益胃的原则进行防治。

【预防】　规模化猪场要采取综合防控，为猪创造合理适宜的环境条件。应经常清扫猪舍和运动场，及时清除粪便，并进行无害化处理，防止污染环境，散播病原。保持饲料、饮水和环境的清洁卫生，防止粪便污染饲料和饮水。定期驱虫，尤其是对妊娠初期的种母猪和7月龄的仔猪应分别进行驱虫。

【良方施治】

1. 中药疗法

方1　苦楝皮18克、槟榔24克、枳实15克、朴硝15克、鹤虱10克、大黄10克、使君子13克。用法：上药共研细末，开水冲调，候温一次灌服。

方2　川楝子、雷丸、鹤虱、槟榔各15克，贯众30克。用法：水煎去渣一次灌服。

方3　苦楝树二层皮10克、百部10克。用法：水煎去渣候温一次灌服。

方4　炒苦楝根皮5～15克。用法：水煎内服。

苦楝根皮用量大时有毒性作用，当猪出现流涎、不安等毒性反应时应减量或停服。

方5　乌梅（去核）、贯众、鹤虱、雷丸、槟榔各100克，川楝80克，甘草20克，党参、当归各60克。用法：上药共研细末，按每千克体重3克喂服，连用3天。

方6　使君子、槟榔、当归、麦芽各20克，百部、苍术、甘草、大黄各10克。用法：上药粉碎后，每天1剂，分2次喂，连用2～3天。

方7　使君子、槟榔、石榴皮各15克。用法：粉碎后拌料饲喂或水煎候温拌料饲喂，每天1剂，连用3～5天。

方8　槟榔、苦楝皮、大黄、芒硝各9克。用法：研末冲服。

方 9 乌梅、茵陈各 50 克，白芍、龙胆草、槟榔各 15 克，川椒 10 克，干姜 9 克，甘草 6 克。用法：水煎候温灌服。

方 10 槟榔、鹤虱、苦楝皮、炒胡椒粉、芜荑 15 克，枯矾 10 克，使君子 25 克。用法：水煎，拌料喂服。

方 11 雷丸 200 克、使君子 100 克、榧子 200 克、槟榔 100 克、川楝子 100 克。用法：共研末，每头每次 25 ~ 50 克，调粥喂服。

2. 西药疗法

方 1 左旋咪唑，按每千克体重 8 毫克用药，一次口服；或者按每千克体重 4 ~ 6 毫克用药，一次肌内注射。

方 2 苯硫咪唑，按每千克体重 10 ~ 20 毫克用药，一次混饲。

方 3 伊维菌素，按每千克体重 0.3 毫克用药，一次皮下注射或口服。

二、猪胃线虫病

【病原】 病原有下列 5 种：圆形似蛔线虫、有齿似蛔线虫、六翼泡首线虫、奇异西蒙线虫、刚棘颚口线虫。圆形似蛔线虫的虫卵随宿主的粪便排到外界，被食粪甲虫所吞食，幼虫便在甲虫体内发育到感染期，猪由于吞食这些甲虫而被感染。

【临床症状】 少量寄生时不显症状。严重感染时，病猪，特别是幼猪，出现慢性或急性胃炎症状，主要表现食欲减退、呕吐、腹痛、饮欲增加、消瘦和贫血等急性或慢性胃炎症状，严重者死亡。

【病理变化】 剖检可见胃黏膜尤其是胃底黏膜红肿，有时覆有伪膜。伪膜下的组织明显发红，并有溃疡。

【中兽医辨证】 根据中兽医理论，本病可按杀虫的原则进行防治。

【预防】 预防本病主要是每天需清扫猪舍，粪便堆集发酵。防止猪吃到中间宿主。

【良方施治】

1. 中药疗法

雷丸、榧子、槟榔、使君子、大黄等份。用法：共研末，一次服 9 克（25 千克猪的剂量）。

2. 西药疗法

方 1 左旋咪唑，按每千克体重 8 毫克用药，一次口服；或者按每千克体重 4～6 毫克用药，一次肌内注射。

方 2 阿苯达唑，按每千克体重 10～20 毫克用药，一次口服。

方 3 噻咪唑，按每千克体重 50 毫克用药，一次口服。

三、猪肺线虫病

猪肺线虫病又称猪后圆线虫病或寄生性支气管肺炎，是由后圆科后圆属线虫寄生于猪的支气管和细支气管而引起的寄生虫病。本病主要危害仔猪和肥育猪，引起猪支气管炎和支气管肺炎，严重时可引起大批死亡。

【病原】 本病的病原体主要有 3 种：长刺后圆线虫、复阴后圆线虫和萨氏后圆线虫。最常见的为长刺后圆线虫，虫体呈细丝状（又称肺丝虫），乳白色或灰白色。猪长刺后圆线虫需要蚯蚓作为中间宿主，猪吞食这种污染了幼虫的泥土也可被感染。

【临床症状】 轻度感染的猪症状不明显。瘦弱的幼猪（2～3 月龄）感染虫体较多，病情严重，具有较高的死亡率。病猪表现为食欲减退，消瘦，贫血，发育不良，阵发性咳嗽，特别是早晚运动后或遇冷空气刺激时尤为剧烈，鼻孔流出脓性黏稠分泌物，严重病例呈现呼吸困难。有的病猪在胸下、四肢和眼睑部出现浮肿，甚至极度衰弱而死亡。

【病理变化】 主要病变是寄生性支气管肺炎。虫体寄生部位多在肺隔叶后缘，形成一些白色、隆起呈肌肉样硬变的病灶，切开后，在支气管中常找到大量细丝状虫体。

【中兽医辨证】 本病可按驱虫、杀虫的原则进行防治。

【预防】 为预防本病，要防止蚯蚓潜入猪场，创造无蚯蚓的条件，同时还要做好定期消毒等工作，按时清除粪便，进行堆肥发酵。在流行地区，可用1%氢氧化钠（烧碱水）或30%草木灰水淋湿运动场，既能杀灭虫卵，又能促使蚯蚓爬出，以便消灭它们。流行区的猪群，春秋两季可用左旋咪唑（剂量为每千克体重 8 毫克，混入饲料或饮水中给药）各进行 1 次预防性驱虫，及时清除粪便，进行堆肥发酵。

【良方施治】

1. 中药疗法

方 1 百部 24～60 克。用法：水煎取汁，每天 1 剂，连用 2～3 天。

方2 贯众、鹤虱、使君子、百部、党参、熟地各50克。用法：上药共研细末，分为6包，每天早晚各1包，混入饲料中喂服，连用3~5天。

方3 使君子9克、石榴皮9克、槟榔6克（25千克猪的剂量）。用法：水煎服。

2. 西药疗法

方1 左旋咪唑，按每千克体重8毫克用药，一次口服；或者按每千克体重7.5毫克用药，一次肌内注射。

方2 阿苯达唑，按每千克体重10~20毫克用药，一次口服。

方3 伊维菌素或阿维菌素，按每千克体重0.3毫克用药，一次口服或皮下注射。

方4 枸橼酸乙胺嗪（海群生），按每千克体重0.1克用药，配成30%溶液，肌内或皮下注射，每天1次，连用3天。

四、猪棘头虫病

猪棘头虫病是由蛭形巨吻棘头虫寄生于猪的小肠引起的一种蠕虫病，在我国各地呈地方性流行，8~10月龄猪感染率较高，有时人、狗也可以感染。

【病原】 巨吻棘头虫是一种大型虫体，呈灰白色或浅红色。雄虫长7~15厘米，雌虫长30~80厘米。前端粗大，后端较细，体表有明显的环状皱纹。身体的前端有一个棒状的吻突，吻突上有许多向后弯曲的小钩。当虫卵随粪便排出后，被中间宿主——金龟子的幼虫（蛴螬）吞食，在其体内发育为感染性幼虫。猪吞食含有感染性幼虫的蛴螬或金龟子时而感染。

【临床症状】 严重感染时（虫体15条以上），在第3天时病猪出现食欲减退、刨地、互相对咬或匍匐爬行、不断哼哼等腹痛症状，下痢，粪中带血。经1~2月后，病猪日渐消瘦和贫血，生长发育迟缓，有的成为僵猪。有的病猪由于肠穿孔而继发腹膜炎，体温升高，不食，有腹痛表现，最后卧地抽搐而死。

【病理变化】 在小肠壁可见附着的成虫及被虫体破坏的炎性病灶。

【中兽医辨证】 根据中兽医理论，本病可按照驱虫、杀虫的原则进行防治。

【预防】 在流行病地区的猪，改放养为圈养，尤其在六七月甲虫类活跃季节，以防猪吃到中间宿主。猪粪要发酵处理。在猪场以外的适宜地点设置诱虫灯，用以捕杀金龟子等。

【良方施治】

1. 中药疗法

雷丸、槟榔、鹤虱各5克（30～40千克仔猪的剂量）。用法：共研末，一次喂服。

2. 西药疗法

方1　阿苯达唑，按每千克体重8毫克用药，一次口服。

方2　左旋咪唑，按每千克体重15～20毫克用药，一次口服；或者按每千克体重7.5毫克用药，一次肌内注射。

方3　伊维菌素或阿维菌素，按每千克体重0.1～0.2毫克混饲，连用7天。

五、猪绦虫病

猪绦虫病是克氏假裸头绦虫寄生于猪的小肠内所致，人也可被寄生。

【病原】　克氏假裸头绦虫曾有多种不同的命名（如盛氏许壳绦虫、陕西许壳绦虫、日本假裸头绦虫和盛氏假裸头绦虫等），现已公认它们都是克氏假裸头绦虫的同物异名。成虫为乳白色链体，外形与缩小膜壳绦虫很相似，但虫体较大，长97～167厘米或更长，宽0.31～1.01厘米，有2000多个节片。头节近圆形，具有4个吸盘和不发达的顶突，无小钩。该虫的正常终宿主是猪和野猪，中间宿主是赤拟谷盗等储粮害虫。猪吞食了被赤拟谷盗污染的饲料、饮水后，在消化道内似囊尾蚴逸出，附着在空肠壁上，1个月后发育为成虫。

【临床症状】　轻度感染的病例常无明显症状。感染虫数较多时可有腹痛、腹泻、呕吐、食欲不振、毛焦、消瘦和生长发育迟缓等症状，甚至造成肠管阻塞。

【病理变化】　剖检可见肠黏膜呈卡他性炎症，严重水肿，黏膜有出血点；严重时，虫体阻塞肠管，管壁变薄，胆囊肿大，胆汁变稀。

【中兽医辨证】　以驱虫、杀虫为治则。

【预防】　除了要注意猪圈舍的卫生消毒和饲料清洁卫生外，应注意灭鼠和消灭粮仓及厨房害虫。

【良方施治】

1. 中药疗法

方 1 鹤草芽粉。用法：每头大猪 50 克（幼猪酌减），一次口服。

方 2 南瓜子 45 克、石榴皮 45 克、槟榔 75 克。用法：水煎成 450 毫升，清晨空腹灌服，可先服 1/2，无不良反应后再加服。

2. 西药疗法

方 1 阿苯达唑，按每千克体重 10～30 毫克用药，一次口服。

方 2 吡喹酮，按每千克体重 20～40 毫克用药，一次口服。

六、猪囊虫病

猪囊虫病又称猪囊尾蚴病，是人体内有钩绦虫（猪绦虫）幼虫寄生于猪肌肉内引起的疾病，是全国重点防治的人兽共患的寄生虫病之一。

【病原】 成虫寄生于人小肠内，呈白色带状，长 2～4 米。幼虫又叫囊尾蚴，为黄豆大白色半透明的包囊，囊内含透明液体，囊壁上有 1 个圆形的乳白色小结，其内有一个内翻的高粱籽大的乳白色头节。人肠内成虫末端含大量虫卵的孕卵节片脱落后随粪便排到外界，猪吞食被虫卵污染的饲料、饮水而感染。虫卵在猪肠内孵出六钩蚴，六钩蚴钻入肠壁，经血液循环到肌肉组织，经 3～4 个月发育成囊虫。患囊虫病的猪屠宰后，人吃了未完全煮熟的猪肉就会发生感染，囊虫在人小肠中伸出头节并吸附在肠壁上，经 2～3 个月发育成绦虫。

【临床症状】 一般无明显症状。严重感染时病猪表现消瘦、贫血、水肿、生长缓慢、前肢僵硬、声音嘶哑、咳嗽等症状；外观上看肩胛部肿胖，臀部不正常的肥胖，呈哑铃状或狮体状体型。该虫寄生于眼部导致视力障碍，甚至失明；寄生于脑部，可导致癫痫或畸形脑炎而死亡。

【病理变化】 死后剖检可在肌肉中发现囊虫，严重时全身肌肉及脑、肝脏、肺脏甚至脂肪内也能发现。有囊虫寄生的猪肉称为“米猪肉”“豆猪肉”“米糁子猪”。

【中兽医辨证】 根据中兽医理论，本病可按照杀虫、健脾的原则进行防治。

【预防】 本病应着重预防，加强肉品检疫，严禁出售囊虫病猪肉。同时对疫区群众进行普查，发现有钩绦虫病人应积极治疗。人粪应发酵后用作肥料，猪要圈养，防止猪接触人粪。

【良方施治】

1. 中药疗法

方1　鲜槟榔50~100克、南瓜子粉200克、硫酸镁30克。用法：鲜槟榔切片，开水浸泡，煎至200~500毫升，先喂南瓜子粉，0.5小时后服槟榔煎汁，隔2小时服硫酸镁（溶于200毫升水内）。

方2　大黄、贯众、百部各60克。用法：煎水分3次混饲喂服；或者用石榴皮63克，水煎分3次混饲喂服。

方3　南瓜子（炒黄）150克，槟榔120克，黄芪、雷丸各60克。用法：上药共研细末，蜜炼成丸，每次服15克，每天3次。

2. 西药疗法

方1　阿苯达唑，按每千克体重5毫克用药，以橄榄油或豆油配成6%悬液，做多点肌内注射；或者按每次每千克体重5~10毫克用药，口服，隔天1次，连服3天。

方2　吡喹酮，每天按每千克体重50毫克用药，口服，每天1次，连用3天；或者混以5倍液状石蜡进行肌内注射，每天1次，连用2天。

第二节　猪昆虫病防治

一、猪疥螨病

疥螨病俗称疥癣、癞、疥疮，是由猪疥螨寄生在猪的皮内而引起的一种高度接触性传染的以皮肤发痒和发炎为特征的慢性皮肤寄生虫病。本病多发于秋冬两季。体弱及幼猪最易感染，母猪感染后可能没有症状。

【病原】　疥螨虫体大小为0.2~0.5毫米，浅黄色，呈龟形。寄生于猪皮肤内，以皮肤组织和渗出的淋巴液为食，在皮肤表皮挖凿成虫道，在虫道内发育和繁殖。发育过程包括卵、幼虫、若虫、成虫4个阶段，在2~3周内完成全部发育过程。

【临床症状】　成年猪症状较轻或不显，幼猪发病较重。病变通常由头部开始，多发生于眼睛周围、面颊和耳部，以后蔓延到躯干和四肢。由于剧烈痒觉，病猪常在圈栏、墙壁等处摩擦，皮肤破损，浸出浅黄色渗出液或出血，干涸后结痂。常见患部皮肤脱毛、结痂、皮肤肥厚、形成皱褶或皲裂。病程延长则病猪生长缓慢、消瘦，甚至成为僵猪。

【中兽医辨证】 治宜杀虫止痒，消肿散结。

【预防】 病猪与健猪直接接触或通过被螨及其卵污染的圈舍、垫草、用具及饲养员的手、衣服等间接接触而引起感染。特别是圈舍阴暗潮湿，饲养密度过大，营养不良时猪易发病。预防上要加强饲养管理，保持圈舍清洁、干燥、通风、阳光充足，定期消毒。新引进猪进场后应先隔离观察，确定无螨病方可混群。发现病猪后立即隔离治疗。

【良方施治】

1. 中药疗法

方1 硫黄250克、花椒60克、吴茱萸60克。用法：花椒、吴茱萸研末，加硫黄及植物油适量调成糊状，隔天涂擦患部1次，连涂3次。

方2 烟叶或烟梗1份，水20份。用法：烟叶或烟梗用水浸泡24小时，再煮1小时，以烟水涂擦患部，直至痊愈。

方3 擦疥方：狼毒、牙皂、巴豆、雄黄、轻粉各适量。用法：共研细末，用植物油加热调匀，分片涂于患部。

方4 硫黄、石灰和水按1:2:25的比例配合，置锅中煮至黄色，去渣取液冷却后用喷雾器喷洒患部，间隔3天再用1次。

方5 苦参粉500克、硫黄50克、乌桕油1000克。用法：上药混合调匀，涂擦患部，连用3~5天。

方6 花椒、荆芥、防风、苍术等份，研细末，用凡士林调成膏，均匀涂于患部。

方7 废机油涂擦患部，每天1次，直至痊愈。

方8 硫黄30克，雄黄15克，枯矾45克，花椒、蛇床子各25克。用法：共研末，油调后涂患部。

方9 硫黄20克、苦楝皮粉20克、食盐10克、樟脑1克。用法：共研末，加入油脂10毫升搅拌均匀，涂擦患部。

方10 硫黄500克、棉籽油500毫升。用法：熬成软膏，适量擦患部。

方11 狼毒60克、蛇床子15克、百部20克、巴豆15克、木鳖子15克、当归20克、荆芥15克。硫黄30克（研末另包），冰片5克（研末另包）。用法：植物油1千克烧热，放入前7味药，慢火熬5分钟，候温将硫黄、冰片投入拌匀，涂擦患处。

方12 老松树皮炭100克、黄柏（盐炒）250克、熟石膏200克。用法：上药共研细末，加豆油1千克，熬成膏，抹于患处。

方13 硫黄100克、明矾50克。用法：混合研末过筛，加棉籽油或其他植物油500毫升，搅匀，涂擦患处。

方14 花椒、荆芥、防风、苍术等份。用法：共研细末，用凡士林调成膏，均匀涂于患部，轻者用药1次可愈，重者2～3次痊愈。

方15 硫黄、叶子烟（土烟）、苦楝树皮各50克。用法：先将叶子烟、苦楝树皮切细，放入锅内加清水500毫升（可视猪的多少和患部皮肤面积大小，按比例增减）熬煮8～10分钟，然后捞出药渣，或用纱布过滤，待药液温后，再将硫黄放入药液中搅匀，装瓶备用。使用时，先用浓茶液或肥皂水洗去患部痂皮并擦干，然后，用棉花或布条蘸擦患部，每天3～4次，一般4～5次即可治愈。大群治疗时，可将药液用喷雾器喷洒于猪体患部，一个疗程的药液1次制好为好，不宜久存。

2. 西药疗法

方1 伊维菌素或阿维菌素，按每千克体重0.3毫克用药，一次颈部皮下注射；或者按每千克体重0.1毫克剂量混饲，连用3天。

方2 多拉菌素按每千克体重0.3毫克用药，一次肌内注射。

方3 爱比菌素按每千克体重0.2毫克用药，一次皮下注射。

二、猪蠕形螨病

猪蠕形螨病是由猪蠕形螨寄生于猪的皮脂腺和毛囊内引起的皮肤寄生虫病，也称脂螨病或毛囊虫病。

【病原】 猪蠕形螨虫体细长呈蠕虫样，半透明乳白色，一般体长0.17～0.44毫米，宽0.045～0.065毫米。蠕形螨钻入毛囊皮脂腺内，以针状的口器吸取宿主细胞内含物，由于虫体的机械刺激和排泄物的化学刺激使组织出现炎性反应，虫体在毛囊中不断繁殖，逐渐引起毛囊和皮脂腺的袋状扩大和延伸，甚至增生肥大，引起毛干脱落。

【临床症状】 猪蠕形螨病一般先发生于眼周围、鼻部和耳基部，之后逐渐向其他部位蔓延。本病痛痒轻微或没有痛痒，脱皮也不严重。但是，病变部皮肤无光泽、粗糙，毛跟部有针尖、米粒以至胡桃大小的白色囊，或者发生脓肿和脓疱。有的病猪皮肤增厚、凹凸不平而盖以皮屑，并发生皲裂。严重者生长发育停滞。

【病理变化】 切开皮肤上的白色囊或脓疱，做成涂片，镜检可发现呈狭长蠕虫样半透明乳白色虫体，其头部为不规则四边形，胸部有4对很短的足，腹部长，表面有明显的横纹。

【中兽医辨证】 治宜杀虫，消肿散结。

【预防】 同猪疥螨病。

【良方施治】

1. 中药疗法

方1 荆芥1份、蛇床子1.5份、防风1份、百部1.5份、花椒2份(后下)、忍冬花1份。用法：加水10倍煎煮，候温加浓酒精少许。用针头挑破脓疱，先以温肥皂水洗刷患部，刮净鳞屑及分泌物，揩干，用纱布蘸取上述药汁洗擦患部，每天1次，连洗5天。

方2 苦参、百部各20克，白鲜皮、土茯苓各40克，蝉蜕10克，黄芩、杭菊花各15克，生甘草5克。用法：加水1.5千克煮沸10分钟，倒出250毫升作为擦剂用，再用文火煮30分钟，取汁用于洗浴，连用3天。

2. 西药疗法

方1 伊维菌素或阿维菌素，按每千克体重0.3毫克用药，一次颈部皮下注射。

方2 14%碘酊，患部皮肤涂擦6~8次。

方3 氧化氨基汞（白降汞）5克、硫黄10克、苯酚100克、氧化锌20克、淀粉15克、凡士林100克，均匀混合后涂擦患部，直至痊愈。

三、猪虱病

猪虱病由猪虱寄生在猪的体表皮毛所引起的一种寄生虫病。

【病原】 猪虱体型较大，长4~5毫米，灰黄色，虫体扁平，身体分头、胸、腹3个部分，头部较胸部窄，口器为刺吸式，胸部有3对短粗的足，足的末端为发达的爪。猪虱终生不离开猪体，成虫交配后，整个发育过程包括卵、若虫、成虫3个阶段。从卵孵出幼虫约需半个月，再经2周左右变为成虫。若虫和成虫都以吸食血液为生。

【临床症状】 猪虱多寄生于猪的耳根、颈侧、内股及下腹部。猪虱吮吸猪的血液，引起猪只瘙痒和不安，经常摩擦和啃咬造成被毛粗乱、脱落及皮肤损伤；严重侵袭时，影响仔猪生长发育。在病猪体表可看到黄白色的虫卵和深灰色的虫体。

【病理变化】 病猪皮肤脱毛、消瘦、发育不良。有时在皮肤内泛起小结节、小溢血点至坏死。有时可继发细菌感染或伤口蛆症等，甚至引起化脓性皮炎。

【中兽医辨证】 治宜杀虱灭卵止痒。

【预防】 注意改善饲养管理，保持清洁卫生，经常清洁猪体、定期打扫和消毒圈舍，保持通风干燥、勤换垫草，当发现猪虱病后及时将病猪隔离治疗。

【良方施治】

1. 中药疗法

方1 百部根、雷丸各15克。用法：水煎去渣，洗擦被寄生患部，连用2～3天。

方2 烟叶1份、水10份。用法：烟叶混合水制成汁，温涂有虱部，每天1次，连用2～3天。

方3 取鲜桃叶适量，捣碎后涂擦猪体数遍。

方4 百部250克、苍术（细末）200克、菜油200克、雄黄100克。用法：先将百部加水2千克煮沸去渣，然后加入苍术细末、雄黄和菜油，充分搅拌均匀后涂擦患部，每天1～2次，连用2～3天。

2. 西药疗法

方1 供涂擦、喷洒的药物可选：①0.005%～0.008%溴氰菊酯乳油溶液；②0.05%双甲脒乳油溶液；③0.008%～0.02%氰戊菊酯乳油溶液；④1%～3%除虫菊酯油浸出液。按上述药物浓度直接涂擦或喷洒患部，间隔7～10天，重复用药1次（除虫菊酯及氰戊菊酯一般一次用药即可）。配合处方2同时治疗，疗效更佳。

方2 伊维菌素或阿维菌素，按每千克体重0.3毫克用药，一次颈部皮下注射。

第三节 猪原虫病防治

一、猪小袋纤毛虫病

猪小袋纤毛虫病是由结肠小袋纤毛虫寄生于猪和人大肠（主要是结肠）所引起的一种寄生虫病。

【病原】 猪小袋纤毛虫病的病原为纤毛虫纲小袋虫科的结肠小袋纤毛虫。结肠小袋纤毛虫在发育过程中有滋养体和包囊2个时期。当猪吞食了被包囊污染的饮水和饲料后，囊壁在肠内被消化，包囊内虫体逸出变为滋养体，进入大肠寄生，以淀粉、肠壁细胞、红细胞、白细胞、细菌等为食料。当宿主的消化功能紊乱或因种种原因肠黏膜有损伤时，虫体就趁机侵入肠壁，破坏肠组织，形成溃疡。

【临床症状】 主要发生于断乳后的仔猪，表现为下痢（带有黏液和血液）、消瘦及发育受阻，严重者导致死亡，常见于饲养管理较差的猪场。

【中兽医辨证】 治宜杀虫、止血。

【预防】 预防主要在于改善饲养条件，管好粪便，保持饲料、饮水的清洁卫生。对发病猪要及时进行隔离治疗。

【良方施治】

1. 中药疗法

常山、诃子、大黄、木香各10克，干姜、附子各5克（20千克猪的剂量）。用法：共研末，蜂蜜100克为引，开水冲调，空腹灌服，每天1剂，连用3～5天。

2. 西药疗法

方1 二甲硝咪唑，按每千克体重30毫克用药，一次口服；或者按每千克体重20毫克用药，一次肌内注射；也可按0.03%～0.06%的比例混饲，连喂2周。

方2 每1000毫升牛奶中加入碘溶液（碘片1克、碘化钾1.5克、蒸馏水1500毫升配制而成）100毫升，混入饮水中喂服。

方3 土霉素，按每千克体重30～50毫克用药，分2～3次口服；或者按每千克体重0.1毫升用药，分1～2次肌内注射。

二、猪球虫病

猪球虫病是一种由艾美耳属多种球虫寄生于猪肠上皮细胞内所致的仔猪消化道原虫病。

【病原】 文献记载猪球虫有16种，日前，被普遍认可的有效种类共有艾美耳属8种和等孢属1种，以猪等孢球虫感染性最强、危害最为严重。猪球虫的生活史与其他动物的球虫一样，在宿主体内进行无性世代（裂殖生殖）和有性世代（配子生殖）2个世代繁殖，在外界环境中进行孢子生殖。

【临床症状】 发病猪多呈良性经过，表现为逐渐消瘦，腹泻，一般能耐过而逐渐恢复。

【病理变化】　主要见于小肠、空肠和回肠，黏膜糜烂，常有异物覆盖，肠上皮坏死脱落，显微镜下检查发现空肠和回肠的绒毛变短，约为正常长度的一半，其顶部可能有溃疡与坏死。

【中兽医辨证】　治宜杀虫、止血、清热燥湿。

【预防】　最佳的预防办法是搞好环境卫生，确保饲料与饮水清洁，在饲料中添加抗球虫药。母猪产房熏蒸消毒，产仔前后用抗球虫药治疗母猪，以防新生猪发生球虫病。

【良方施治】

1. 中药疗法

旱莲草、地锦草、鸭跖草、败酱草、翻白草等份。用法：每头猪用50～100克，水煎灌服，每天1剂，连用3～5天。

2. 西药疗法

方1　磺胺类药，连用7～10天或病初治疗3天。

方2　氨丙啉，按每千克体重20毫克用药，用于3日龄仔猪或产前母猪。每天1次，连用5～6天。

三、猪弓形虫病

猪弓形虫病是由龚地弓形虫在猫肠上皮细胞内行有性繁殖，在猪、牛、羊、犬等多种动物和人的有核细胞内行无性繁殖过程而引起的一种人兽共患原虫病。猪暴发弓形虫病时，死亡率很高。

【病原】　猪体内的龚地弓形虫呈新月形（弓形、香蕉形），一端稍尖，另一端钝圆，大小为（4～7）×（2～4）微米，称为滋养体。猫是弓形虫的终末宿主，在猫小肠上皮细胞内形成卵囊，随粪便排到外界发育成感染性卵囊，可感染包括哺乳类、鸟类、鱼类、爬行类和人等200余种动物（中间宿主）。在中间宿主体内，弓形虫可在全身组织器官的有核细胞内进行无性繁殖，形成滋养体。

【临床症状】　病初病猪体温升高至40.5～42℃，稽留7～10天。精神委顿，食欲减退。呼吸困难，常呈为腹式呼吸或犬坐式，每分钟60～85次。小便黄，大便干燥带黏液。断乳仔猪常见拉稀，但无恶臭。一些病猪咳嗽、呕吐，流水样或黏性鼻液。严重时食欲废绝，步态不稳，肢体末端及腹下部发绀或出现紫红色斑。后期病猪不能站立，呼吸极度困难，体温下降后不久死亡。病程为7～15天，病死率达50%。未死的病猪症状逐渐减轻，食欲逐渐恢复，但常见咳嗽、下痢，并有失明、运动障碍、后躯麻痹、痉挛等症状，有的猪耳壳出现干性坏死。仔猪生长发育不良。妊娠母猪常发生死胎、流产及早产。

【病理变化】 肺脏稍膨胀，暗红色带有光泽，间质增宽，有针尖至粟粒大出血点和灰白色坏死灶，切面流出大量带有泡沫的液体。全身淋巴结肿大、充血、出血，切面上间或有灰黄色或灰红色的坏死灶。肝脏表面有点状出血及灰白色或灰黄色的坏死灶。脾脏有出血斑，胃底部有出血性炎症，有时还可见溃疡。心包及胸腹腔内有积水。

【中兽医辨证】 治宜清热解毒、杀虫。

【预防】 预防猪弓形虫病要做到保持圈舍清洁，定期消毒，经常灭鼠。猪弓形虫病是由于摄入猫粪便中卵囊而受感染，因此，猪场内严禁养猫，防止猫进入猪舍。发现病猪及时治疗，治愈后不留作种用。勿用未经煮熟的屠宰废弃物喂猪。

【良方施治】

1. 中药疗法

方1 黄常山20克，槟榔12克，柴胡、桔梗、麻黄、甘草各8克（35～45千克猪的剂量）。用法：先用文火煎煮黄常山、槟榔20分钟，然后将柴胡、桔梗、甘草加入同煎煮15分钟，最后加入麻黄煎煮5分钟，过滤去渣，灌服，每天2剂，连用3天。

方2 黄花蒿60～120克、柴胡15～25克。用法：水煎1次灌服，每天1剂，5天为一个疗程。

方3 在猪耳背侧中上部，用三棱针或小宽针刺破皮肤并扩成囊状创口，取麦粒大小的蟾酥锭卡入创口中，50千克的猪卡2粒。

方4 贯众80克、雷丸90克、大青叶60克、青蒿60克、柴胡40克、地丁40克、百部40克。用法：共研细末，拌入100千克饲料中喂服，连用5～7天；预防量减半。

2. 西药疗法

方1 磺胺嘧啶（SD），按每千克体重70毫克用药，再加甲氧苄氨嘧啶（甲氨苄啶，TMP）或二甲氧苄氨嘧啶（DVD）按每千克体重14毫克用药，每天2次口服，连用3～4天。

方2 磺胺甲氧吡嗪（磺胺林，SMPZ），按每千克体重30毫克用药，再加甲氧苄氨嘧啶（甲氨苄啶，TMP），按每千克体重10毫克用药，每天2次口服，每天1次，连用3～4天。

第四章 猪常见普通病

第一节 猪内科病防治

一、猪感冒

猪感冒是由于受风、寒的影响而引起以上呼吸道黏膜炎症为主的急性全身性疾病。临床上以突然体温升高、咳嗽、流鼻涕和畏光流泪为特征。一年四季都可以发生，春秋两季气候多变时更多见，各种年龄的猪都可发生，但以老弱及幼龄猪多发。

【病因】 主要是寒冷的突然侵袭，如冬季猪舍防寒不良，突然遭受寒流侵袭，寒夜露宿，久卧湿地，或者由温暖地区突然转至寒冷地区。以上各种因素造成机体抵抗力降低，上呼吸道黏膜血管收缩，分泌减少，呼吸道内常在菌大量繁殖而引起炎症。

【临床症状】 病猪精神沉郁，食欲减退或废绝，喜卧，怕冷，喜钻草堆，皮温不均，被毛逆立，结膜潮红，畏光流泪。体温可达41℃以上，心跳、呼吸加快。咳嗽，流鼻涕，鼻塞严重时张口呼吸。仔猪如治疗不及时，可继发支气管肺炎。患风寒感冒的病猪表现为耳尖、鼻端发亮，皮温不均，恶寒重，发热轻，喜阳光或钻草堆，流清涕，喉痒，咳嗽，食欲减退，舌苔薄白而润。患风热感冒的病猪表现为精神沉郁，少食或不食，发热，微恶风寒，口干且色稍红，鼻塞涕浊，呼吸音加快，大便干燥，舌苔薄白微黄。

【中兽医辨证】 外邪乘猪体御邪能力不足之时，侵袭肺卫所致。风寒感冒治宜以辛温解表、疏散风寒为治则（适用于以下中药疗法的方 1 和方 2）。风热感冒治宜以辛凉解表、发散风热为治则（适用于以下中药疗法的方 3 和方 4）。

【预防】 预防上除加强饲养管理及耐寒锻炼外，应防止猪突然受寒，避免贼风，保持圈舍清洁、干燥。

【良方施治】

1. 中药疗法

方 1 荆防败毒散：荆芥、防风各 25 克，羌活、独活、柴胡、前胡各 20 克，甘草 10 克。用法：水煎候温内服，每天 1 剂，连用 3 天。

方 2 加味羌活汤：羌活、白芷、防风、苍术、薄荷、黄芩、荆芥各 10 克，川芎、桔梗、紫苏叶各 6 克，细辛、甘草各 3 克。用法：水煎候温灌服，每天 1 剂，连用 3 天。

方 3 银翘散：金银花 20 克、连翘 20 克、淡豆豉 15 克、桔梗 20 克、荆芥 15 克、淡竹叶 20 克、薄荷 15 克、牛蒡子 15 克、芦根 40 克、甘草 10 克。用法：开水冲调，候温灌服，或煎汤服，每天 1 剂，连用 3 天。

方 4 千里光、野菊花、水辣蓼各 15 ~ 30 克。用法：水煎灌服，每天 1 剂，连用 3 天。

方 5 大青叶、金银花各 250 ~ 500 克，大黄、黄芩、羌活各 120 ~ 180 克。用法：上药煎水 3 次，合并煎液，用酒精沉淀法提取，制成 1∶1 注射液，过滤、分装、消毒备用；肌内注射，每头猪 10 ~ 20 毫升，每天 2 ~ 3 次，连续 3 ~ 4 次即愈。

方 6 香薷、连翘、厚朴、藿香、滑石、甘草各 15 克，金银花、扁豆各 22 克。用法：水煎 10 ~ 30 分钟去渣，候温灌服，每天 1 剂，连用 3 天。

方 7 板蓝根 20 克、夏枯草 18 克、冬青叶 25 克、紫苏叶 15 克、薄荷 12 克。用法：煎水取汁，候温喂服，供体重 20 ~ 30 千克猪只一次服用，每天 1 次，连服 2 ~ 3 天。

方 8 大蒜去皮，捣成泥状，加入少量食用油。每天 10 克，分 2 次拌料喂服。另采鲜嫩艾叶做青饲料，任猪自由采食。本方可治疗和预防早春猪感冒。

方 9 天门冬、桑白皮各 18 克，淡竹叶 15 克，仙鹤草、薄荷、甘草各 10 克，麻黄 5 克，荆芥 12 克，紫苏叶 13 克，百合 8 克。用法：煎水取汁，候温喂服，供大猪一次服用，每天 1 次，连用 3 ~ 5 次。

方 10 羌活 30 克、蒲公英 50 克、板蓝根 60 克。用法：水煎灌服，

50千克的猪1天分2次服完。风寒感冒重者用羌活30～60克；体虚者加党参30克；咳甚者加桔梗30克；感冒挟湿者加苍术30克；挟食者加焦三仙适量。每天1剂，连用3天。

方11　柴胡3000克，虎杖1000克，防风苏叶、薄荷各500克。用法：将药切成薄片或磨成粗粉，水浸2小时，加水适量，蒸馏，收集蒸馏液6000毫升，再蒸馏，收集蒸馏液3000毫升，加25.5克氯化钠、15毫升吐温-80，搅拌至溶解。用10%烧碱液调pH至6～7，精滤，封装，流通蒸汽灭菌30分钟。小猪2～3毫升；中等猪5～10毫升；大猪15～20毫升。肌内或皮下注射，每天2次，连用2天。

方12　葱白90克、生姜60克。用法：加水煮沸，用热气熏蒸猪口鼻或灌服，每天1剂，连用2天。

方13　紫苏叶叶、生姜各10克，葱头2根。用法：水煎服，每天1剂，连用2天。

2. 西药疗法

方1　复方氨基比林5～10毫升或30%安乃近3～5毫升肌内注射，青霉素80万～240万国际单位肌内注射，每天1次，连用2～3天。

方2　柴胡注射液5～10毫升。每天2次，连用1～2天。

二、猪鼻炎

猪鼻炎又称鼻卡他，是多种致病因素所致的鼻腔黏膜表层炎症。临床上以鼻腔黏膜潮红、充血、肿胀，流鼻涕、打喷嚏等为特征。本病多发于春秋两季及天气多变时。

【病因】　原发性鼻炎主要由于鼻黏膜受寒冷、化学和机械刺激等引起。圈舍内粪尿淤积产生的氨气或被潮湿、尘土长期刺激或某些疾病引起（如猪流行性感冒、猪肺线虫病、支气管炎、咽喉炎、副鼻窦炎的病程中）。

【临床症状】　猪鼻炎有急性和慢性之分。

（1）急性鼻炎　病初鼻腔红肿，病猪常打喷嚏，摇头，蹭鼻子，一侧或两侧鼻孔流出透明的鼻液。后期鼻液为浆性黏液或脓性黏液，有时混有血液。鼻腔黏膜严重肿胀时，鼻腔狭窄，导致病猪呼吸困难，可听到鼻塞的呼噜声。伴发结膜炎时，病猪畏光流泪，有眼屎。有的病猪还出现呕吐、食欲不振等现象。常继发扁桃体炎和咽喉炎。

（2）慢性鼻炎　病程较长，病情时轻时重，长期流黏脓性鼻液，鼻侧常见到色素沟。严重者鼻腔黏膜溃烂，鼻液有腐败气味并伴有血丝。

【中兽医辨证】 治宜祛风散邪。

【预防】 要保证营养全价，饲料和饮水卫生，注意环境卫生，冬季做好保温工作，适当运动锻炼等。

【良方施治】

1. 中药疗法

方1 苍耳子、辛夷、白芷、薄荷各10克。用法：共研末，每次15~20克内服，或煎汤拌料内服，每天1剂，连用2~3天。

方2 苍耳子、苏叶各20克，辛夷、菊花各16克，栀子15克，白术、薄荷、黄芩各10克。用法：共研细末，开水冲调，一次灌服，每天1剂，连用2~3天。

方3 桑叶、玄参各20克，菊花、桔梗、辛夷各16克，黄芩、杏仁各10克，生石膏20克。用法：水煎灌服，每天1剂，连用2~3天。

方4 鱼腥草40克、麻黄8克、杏仁16克。用法：水煎灌服，每天1剂，连用2~3天。

方5 鱼腥草18克、辛夷6克、苍耳子5克、桔梗4克、葶苈子4克。用法：水煎服或研末开水冲服，每天1剂，连用2~3天，用于流脓性鼻液的病猪。

方6 鼻中穴、山根穴。血针，点刺出血。

2. 西药疗法

25%盐酸普鲁卡因300毫升、注射用青霉素钠100万国际单位、0.1%肾上腺素溶液，混匀后吸入注射器，滴入鼻腔。对于慢性鼻炎、变态反应性鼻炎（如天花粉过敏），可加服地塞米松片。对体温升高，全身症状明显的病猪，应及时使用抗生素药物治疗。

三、猪咳嗽

咳嗽是上呼吸道疾病的主要症状，常见于咽喉炎、支气管炎和肺炎。

【病因】 猪舍潮湿、贼风侵袭、气候骤变、饮喂冰冻饲料等使猪感受风寒所致。体弱仔猪，春初秋末多发。

【临床症状】 临床上以咳嗽多伴有流鼻涕、呼吸困难，减食和不定热型为特征。依据病因和症状分为风寒、风热、气虚3种症型。咳嗽声音洪亮或阵发连续性咳嗽，呼吸不畅。若见肌表、耳、四肢发凉，甚至颤抖，鼻流清涕，冒寒颤抖，发热轻，则为风寒咳嗽；若见发热重，恶寒轻，咳嗽不爽，鼻流黏涕，呼出气热，口渴喜饮，小便混浊，则为风热咳嗽；若见咳嗽声低哑，气出无力，体瘦毛焦，动则咳甚，鼻流清涕，易感冒，易出汗，舌苔淡，则为气虚咳嗽。

【中兽医辨证】 风寒咳嗽治宜辛温解表，宣肺止咳，可选用以下中药疗法的方 1 和方 2。风热咳嗽治宜辛凉解表、宣肺止咳，可选用以下中药疗法的方 3 和方 4。气虚咳嗽治宜补益肺气，祛痰止咳，可选用以下中药疗法的方 5。

【良方施治】

中药疗法如下：

方 1 麻黄、陈皮、法半夏、木香各 6 克，桂枝、甘草各 3 克，炮天南星、枳壳、茯苓、桔梗各 10 克，生姜 5 片。用法：煎汤候温灌服。

方 2 法半夏、橘皮、瓜蒌、杏仁、厚朴各 12 克，麻黄、云苓、五味子各 15 克。用法：上药共研细末，分 4 次拌料喂服，每天 2 次。

方 3 贝母、葶苈子、板蓝根、茯苓各 30 克，桔梗、生甘草、山栀子、黄芩各 18 克。用法：上药共研细末，开水冲调，候温灌服。

方 4 金银花、款冬花、栀子、苦杏仁、瓜蒌子各 10 克，天冬、淡竹叶、桔梗、桑白皮各 6 克，甘草 3 克（本方为 25 千克猪的剂量）。用法：煎汤内服。

方 5 党参、五味子、桑白皮各 10 克，黄芪、熟地各 15 克。用法：煎汤候温灌服。

四、猪咽喉炎

咽喉炎是咽喉部黏膜及其黏膜下组织的炎症，中兽医称之为嗓黄，临床上以吞咽障碍和流涎为临床特征。

【病因】 本病多发于寒冷的季节，大多由于细菌侵入扁桃体而引起。多因饲料过硬、过冷、过热、腐败变质，使用药物不当或投药技术不熟练触伤咽喉部黏膜等引起；也可因机体的抵抗力降低或继发于口炎、鼻炎、食道炎及流感、猪肺疫等疾病。

【临床症状】 病猪减食或停食，头颈伸直，咀嚼缓慢，吞咽困难，流涎，头颈伸直，频咳，触诊咽部有疼痛等。

【中兽医辨证】 治宜针对病因，清热毒，消肿利咽。

【良方施治】

1. 中药疗法

方1 山豆根、麦冬、射干、桔梗各10克，芒硝60克，胖大海6克，甘草13克。用法：研末煎水内服，每天1剂，连用2~3天。

方2 穿心莲片，大猪10片，小猪减半，连用2~3天。

方3 雄黄、白芙、白药子、龙骨、大葱等份。用法：研为细末，醋调外敷颌下肿处，药干淋醋，药掉再换，至愈。

方4 山豆根、鱼腥草、射干各30克。用法：煎水内服，每天1剂，连用2~3天。

2. 西药疗法

方1 氯化铵3克、人工盐5克。用法：做成舐剂，一次服用，每天2次，连用2~3天。

方2 鱼石脂软膏或止痛消炎膏适量，咽喉部涂布，每天1次，连用3~5天；青霉素100万国际单位，加注射用水5毫升，一次肌内注射，每天2次，连用3~5天。

方3 0.25%普鲁卡因溶液10~20毫升，青霉素40万~80万国际单位，混合后一次喉头周围封闭，每天2次，连用3~5天。

五、猪肺炎

猪肺炎是由理化因素或生物学因素刺激肺组织引起的肺部炎症。发生于肺小叶的炎症为小叶性肺炎（又称支气管肺炎），发生于整个肺叶的急性炎症为大叶性肺炎。

【病因】 饲养管理不当、受寒感冒、物理和化学因素刺激、长途运输、气候骤变和大雨浇淋等是引起本病的主要原因；由于误咽或灌药不慎而使药物误入气管等常引起异物性肺炎；某些传染病如猪瘟、猪肺疫、流感、副伤寒，寄生虫病如肺线虫病、蛔虫病等，以及霉菌病也能继发本病。

【临床症状】 病猪体温可升高到40℃以上，出现弛张热。病初表现为干短带痛的咳嗽，继之变为湿长，但疼痛减轻或消失，气喘，流鼻液（初为白色浆液，后变成黏稠灰白色或黄白色）。胸部听诊，在病灶部分肺泡呼吸音减弱，可听到捻发音，以后由于渗出物堵塞了肺泡和细支气管，肺泡呼吸音消失，可能听到支气管呼吸音。异物性肺炎，除病因明显外，常发生肺坏疽，流出灰褐色鼻液，并有恶臭味。

【预防】　加强耐寒锻炼，防止感冒，避免猪受寒冷、风、雨和潮湿等的侵袭。平时加强饲养管理。

【良方施治】

1. 中药疗法

方1　石膏40克、淡竹叶10克、麻黄5克、甘草10克。用法：水煎去渣候温，加芒硝24克，一次内服，连用3天。治疗咳嗽发热，便干之症。用于小叶性肺炎。

方2　鱼腥草10克、桔梗8克（10千克仔猪的剂量）。用法：煎水内服，连服3~5天。用于小叶性肺炎。

方3　三颗针20克、麻黄5克、生姜13克。用法：水煎，去渣加豆腐200克，每天一次内服，连用3~5天。用于大叶性肺炎。

方4　桑白皮、百合各18克，连翘、桔梗各15克，杏仁、薄荷叶、葶苈子、枇杷叶各12克。用法：煎汤灌服，每天1剂，连用2~3天。

方5　麻黄、杏仁、甘草各10克，桑白皮、石膏、知母各15克。用法：水煎后分2次内服，每天1剂，连用2~3天。

方6　黄芩、桔梗、枯矾、甘草各20克，栀子、白芍、桑白皮、款冬花、陈皮各15克，天门冬、瓜蒌各10克。用法：煎汤取汁内服，每天1剂，连用2~3天。

方7　款冬花、知母、贝母、马兜铃、杏仁、金银花各15克，桔梗20克。用法：水煎一次灌服，每天1剂，连用2~3天。适用于小叶性肺炎。

方8　紫菀6克，炙百部、白前各9克，桔梗、橘红、甘草各3克。用法：煎汁一次内服，每天1剂，连用2~3天。适用于小叶性肺炎。

2. 西药疗法

治疗肺炎的基本原则是加强护理、抗菌消炎、止咳祛痰、制止渗出、促进吸收和对症处理等。

方1　青霉素按每千克体重1万~1.5万国际单位，或链霉素按每千克体重10毫克，肌内注射，每天2次，连用3天。

方2　硫酸卡那霉素按每千克体重2万~4万国际单位，肌内注射，每天1次，连用3天。

方3　20%磺胺嘧啶10~20毫升，肌内注射，每天2次，连用3天。

方4　分泌物黏稠不易咳出时，可将氯化铵及碳酸氢钠各1~2克，放于饲料中内服，每天 2 次；频发咳嗽，分泌物不多时，可用止咳剂，如盐酸可待因 0.1 ~ 0.5 克，每天 1 ~ 2 次。

方 5 体质衰弱时可静脉输液，补充葡萄糖与电解质；心脏衰弱时，可皮下注射 10% 安钠咖 2 ~ 10 毫升，每天 3 次。

六、猪口炎

猪口炎又称口疮，是口腔黏膜发生的炎症的总称。临床上以流涎、拒食或厌食为特征。

【病因】 原发性口炎常因机械刺激所致，如饲料粗硬或其中混有异物、饲喂灼热的饲料和饮水，或者不适当地喂服有刺激性的药物，以及吃了腐败霉烂的饲料等。继发性口炎常继发于咽炎、胃炎、慢性肾炎、尿毒症、维生素 B 缺乏症、营养代谢紊乱等疾病。

【临床症状】 病猪有饥饿感，想吃食又不敢吃食，当饲料进入口腔后，刺激炎症部位疼痛，病猪突然嚎叫、躲避性逃跑。口腔流涎，有的将舌伸于口外。病程较长的病猪逐渐消瘦。病猪口腔黏膜潮红，出现小红疹、水疱、溃疡等。

【中兽医辨证】 治宜消肿止痛。

【良方施治】

1. 中药疗法

方 1 冰片 5 克、朱砂 6 克、硼砂 50 克。用法：共研极细末，吹入口中，每天数次，至愈。

方 2 青黛 10 克，黄连、黄柏、桔梗、儿茶各 6 克，薄荷 3 克。用法：水煎内服，每天 1 剂，至愈。

方 3 大黄、知母各 12 克，甘草 8 克，芒硝、黄连各 20 克，黄芩、栀子、连翘、天花粉各 12 克，薄荷 6 克，黄柏 10 克。用法：共研末，开水冲调，每天分 2 次服用，连用 2 ~ 3 剂。

方 4 黄柏 3 份、青黛 2 份、冰片 1 份，用法：研细末装瓶备用，用时取适量撒布口腔。

方 5 连翘、栀子、黄芩、薄荷、竹叶各 20 克，甘草 15 克，大黄 24 克。用法：共研细末，开水冲服或水煎服，每天 1 剂，连用 2 ~ 3 天。

方 6 黄连 8 克、黄芩 10 克、黄柏 12 克、栀子 10 克、芒硝 30 克、甘草 8 克。用法：共研细末，开水冲服或水煎服。

提示　芒硝不煎，灌前加入。

方 7　蛇蜕 1.5 克、明矾 10 克。用法：用蛇蜕包严明矾，微火烧焦（以明矾熔化和蛇蜕完全凝固在一起为度），冷却后研细末。用时取 2～5 克吹入病猪口腔。

方 8　小檗碱（黄连素）1 克、明矾 5 克、冰片 0.5 克。用法：将上药混合装入袋内，噙在病猪口中，饲喂时取出，每天更换 1 次，连用 3 天。

方 9　冰片 1 克、硼砂 30 克、芒硝 4 克、朱砂 1 克、青黛 1 克。用法：共研细末，每次取适量涂擦患部，每天 3 次，连用 2～3 天。

方 10　青黛、黄柏各 15 克，黄连 8 克，桔梗、儿茶各 7 克，薄荷 5 克。用法：共研末，装入白布口袋，口袋两端扎绳，放热水内浸湿后，噙于口内，病猪吃食时取下，吃完再噙上，隔天换药 1 次，连用 3 天。

方 11　黄连、栀子、大黄、麦冬、天花粉各 13 克，山豆根、甘草、木通、知母各 10 克（30 千克猪的剂量）。用法：煎水灌服。

2. 西药疗法

方 1　2%～3% 硼酸溶液、1% 明矾水或 1% 高锰酸钾溶液适量，冲洗口腔，每天 3～4 次。

方 2　碘甘油（碘 1 克、碘化钾 1 克，甘油加至 100 毫升）适量涂布口腔黏膜溃烂部，每天 1～2 次。

方 3　甲紫 1 克，加蒸馏水至 100 毫升，搅匀，外用。

提示　治疗以消除病因和对症治疗为原则。要注意清除口腔异物，修整锐齿，及时治疗原发病。

七、猪胃肠卡他

猪胃肠卡他即猪卡他性胃肠炎，又称消化不良，是胃肠黏膜表层的炎症，是猪常见的消化道疾病。症状表现有的以胃卡他为主，有的以肠卡他为主。

【病因】 本病多因饲养管理不当所致，如突然变换饲料、饲料冷热不均、饲喂失时、过饥或过饱、饲料或饮水不洁、饲料粗硬、久渴失饮、长途运输。肠道寄生虫病及一些慢性消耗性疾病等均可引起或继发消化不良。

【临床症状】 病猪精神不振，食欲减退，口腔有特殊气味，口渴，有时恶心或呕吐。粪少干燥，附有黏液；或腹泻，粪中混有消化不全的饲料，粪为水样。肛门、尾根全被粪水沾污，可出现脱水与虚脱。重病猪拉水样稀粪，肛门四周及尾沾粪污。有的里急后重，排黏液絮状便。严重时，病猪食欲废绝，体质衰弱，甚至直肠脱出。

【病理变化】 胃肠黏膜充血、出血，尤以胃底部严重，黏膜被覆一层黏稠、半透明黏液或者黏液——脓性覆盖物，胃内容物稀软酸臭，肠管松弛扩张，黏膜失去正常光泽、充血，严重时潮红，肠壁淋巴组织肿胀，肠内容物较稀，渗出物呈稀糊状附于肠黏膜表面。

【中兽医辨证】 脾胃虚弱者以健脾益胃、行气消食为治则；伤食以消积导滞、泻下通便为治则。

【预防】 加强饲养管理，合理搭配饲料，定时、定量、定温、定点饲喂，不喂粗纤维含量多的饲料，饲料变化时逐渐进行。

【良方施治】

1. 中药疗法

方1 麦芽、神曲、莱菔子、芒硝各30克，山楂、大黄各15克。用法：共研细末，每次30～50克拌料内服，每天2次，连用5～7天。

方2 苍术、厚朴、山楂各10克，麦芽、大黄各30克，枳实20克，甘草5克。用法：煎水候温一次内服（100千克猪的剂量），连用2～3天。

方3 山楂、麦芽、莱菔子、神曲、茯苓、槟榔各60克，生姜、甘草各30克。用法：混合研细末，按每千克体重0.5～1克用药，每天2～3次拌料饲喂。

方4 五倍子、大黄、龙胆草各5～10克。用法：水煎，每天1次，连用3～5天。若食欲不佳，可加酵母片10～30克。

方5 苍术、厚朴、陈皮各20克，三仙40克，干姜10克。用法：研末，开水冲服或水煎灌服，连用3～5天。用于胃卡他。

方6 当归、白术、石菖蒲、厚朴、砂仁、肉桂、青皮、茯苓、泽泻、五味子、炙甘草各20克，干姜10克。用法：研末，开水冲服或水煎服，连用3~5天。用于肠卡他。

方7 木香5克、槟榔10克、青皮16克、陈皮10克、黄柏8克、白术10克、牵牛子8克、香附10克、三仙10克、苍术10克、厚朴10克。用法：研末冲服，每天1剂，连用3天。

方8 党参、茯苓、炒白术各20克，炒扁豆、砂仁、薏苡仁、泽泻、猪苓、桂枝、大枣各16克，山药24克，莲子17克，炙甘草、桔梗各10克。用法：研末开水冲服，或水煎服，连用3~5天。

方9 补骨脂、五味子各20克，吴茱萸、生姜各10克，煨豆蔻13克，煨大枣30克。用法：水煎服，或研末开水冲服，连用3~5天。

方10 神曲40克、山楂30克、连翘15克、莱菔子20克、陈皮15克、半夏10克、茯苓20克。用法：水煎灌服，连用3~5天。

2. 西药疗法

方1 食母生（干酵母）50片，小苏打（碳酸氢钠）20片，分6次服用，每天2次，连用2~3天。

方2 小檗碱（黄连素）注射液按每千克体重0.16~0.2毫升肌内注射，每天2次，连用3~4天。

八、猪胃肠炎

猪胃肠炎是指猪胃肠道表层及深层组织的炎症。临床上以消化功能紊乱、口臭、舌苔增厚、腹泻、发热和毒血症等为特征。

【病因】 原发性胃肠炎主要是由于采食腐败变质食物、饮用不洁的饮水，或者暴饮暴食引起消化不良等所致。滥用抗生素而破坏肠道正常菌群生态，营养不良、体质下降使胃肠屏障机能减弱，误食刺激性化学药品、灭鼠药、重金属等因素均可引起胃肠炎。此外，猪瘟、猪传染性胃肠炎、猪副伤寒和肠结核等也能继发猪胃肠炎。

【临床症状】 病初精神沉郁，多呈消化不良的临床症状，以后逐渐呈现胃肠炎的临床特征。病猪精神沉郁，食欲减退或废绝，鼻盘干燥，可视黏膜暗红带黄色，以后变成青紫色，口腔干燥，气味恶臭，舌面皱缩，被覆大量黄腻或白色舌苔。体温升高至40℃以上，脉搏次数增加，呼吸次数增加。常发生呕吐，呕吐物中带有血液或胆汁，持续而重剧的腹泻。粪便细软，粥状、糊状以至水样，有恶臭味或腥臭味，有时混有黏液、血液或脓性物。重症的猪肛门松弛、排便失禁或呈里急后重，每次仅排出少量粪便。

【病理变化】 肠内容物常混有血液，味腥臭，肠黏膜充血、出血、脱落、坏死，有时可见到伪膜并有溃疡或烂斑。

【中兽医辨证】 治疗以清热解毒、燥湿止泻为治则。

【预防】 加强饲养管理，不喂发霉变质、冰冻或有毒的饲料；保证饮水清洁卫生。

【良方施治】

1. 中药疗法

方1 郁金、大黄各15克，诃子、黄芩、黄柏、栀子、白芍各10克，黄连、罂粟壳各6克，乌梅20克。用法：煎水去渣，每天1次灌服，连用2~3天。

方2 白头翁24克，黄连、黄柏、陈皮各9克，诃子肉3克。用法：研末拌料或煎汤内服，每天1次，连用2~3天。

方3 鲜大蓟50~80克、鲜马齿苋50~80克。用法：捣烂取汁，每天1次内服，连用3~5天。幼猪还可内服多酶片或酵母片，肥育猪可用中成兽药健胃散等健胃剂，以缓解胃肠炎症状。

方4 槐花、地榆、茯苓各12克，黄芩、藿香、青蒿、车前草各20克。用法：煎水去渣，每天1次灌服，连用2~3天。

方5 丹皮炭15克，秦皮、椿皮、石榴皮各40克，陈皮10克，白头翁30克，木香10克。用法：水煎2次，取汁1次灌服，连用2~3天。用于出血性胃肠炎治疗效果较好。

方6 连翘、蒲公英、白头翁、苦参、龙胆草各1份，黄芩、淫羊藿各1.5份，白芷、苍术、柴胡、陈皮各1分。用法：按比例配合，粉碎为极细末备用。每千克体重1~2克，重症者每千克体重3克，预防量减半，将上药散剂加5~10倍水，煎后连同药喂服或灌服。每天1次，重症者每天2次，连用2~3天。

方7 马齿苋250克、石榴皮30克。用法：水煎灌服，每天1剂，连用3~4天。

方8 败酱草500克，洗净作为饲料，煮熟后喂服。连喂2~4天。

方9 大蒜10克。用法：大蒜捣成泥，加淀粉30克、水500毫升，一次灌服，每天1次，连用2~3天。

2. 西药疗法

治疗胃肠炎的原则是除去病因，加强护理，清理胃肠，保护胃肠黏膜，维护心脏机能，预防脱水和自体中毒。抗菌消炎可选用以下抗菌消炎药：小檗碱（黄连素），日量按每千克体重0.005～0.01克用药，分2～3次内服；磺胺脒，日量按每千克体重0.1～0.3克用药，分2～3次内服［配合使用磺胺增效剂一甲氧苄氨嘧啶（甲氨苄啶）TMP，效果更好］；新霉素，日量按每千克体重4000～8000国际单位用药，分2～3次内服；重剧胃肠炎，可内服氟苯尼考，按每千克体重50毫克用药，每天2次。病猪排粪迟滞，或随排恶臭稀便，但胃肠内仍有大量异常内容物积滞时，在病的早期，可用盐酸阿扑吗啡0.01～0.02克，或吐根末0.5～2克，或酒石酸锑钾（吐酒石）0.5～3克，以排除胃内容物；晚期，胃肠机能迟缓时，则以无刺激性的油类泻剂，如液状石蜡等。肠内蓄粪已基本排除，粪的臭味不大但仍剧泻不止的非传染性胃肠炎，可选用木炭末50～100克一次加水配成悬浮液内服。必要时，根据病症补充体液，维持体内电解质平衡和解除自体中毒。对继发性胃肠炎，应在治疗原发病的基础上同时治疗胃肠疾患。

九、猪便秘

猪便秘是由于肠管运动机能紊乱，肠内容物滞积于肠腔，其水分被进一步吸收，内容物变干、变硬，造成肠管阻塞，致使粪便通过少或排便困难的一种腹痛病。如果便秘时间过长，可引起自身中毒，导致病情恶化。便秘多发生于小猪，部位多在结肠。

【病因】　便秘多因饲养管理不当和猪体弱多病所致，如长期喂粗纤维含量高的饲料或精料过多、青饲料不足或饮水缺乏或饲料不洁，其中混有大量泥沙与其他异物等。临床上常见以纯米糠饲喂刚断乳的仔猪、妊娠后期或分娩不久伴有肠迟缓的母猪而发生便秘。此外，在某些传染病或其他热性疾病及慢性胃肠病中，也常继发本病。

【临床症状】　病猪食欲不振或废绝，喜饮，频频努责，尾巴伸直，试图排粪却不见粪便排出或仅排出少量秘结便，有时布有黏液和血液。随着病情的发展，腹围逐渐增大，有腹痛现象，病猪常回顾腹部，肠蠕动音减弱，脉搏加快，触诊不安。小型或瘦弱病猪可摸到肠内干硬粪球，多呈串珠状排列。

【中兽医辨证】　在临床上有寒热虚实之分，应注意区别，多以通肠导滞为治则。

【预防】 改善饲料品质，给足饮水，加强运动，定期驱除肠道寄生虫，以防止便秘发生。

【良方施治】

1. 中药疗法

方1 鲜鸡蛋10枚，用酒精消毒后盛入容器中，再倒入9克/100毫升醋或当地优质醋500毫升，密封48小时，待蛋壳软化、仅剩薄蛋膜包着胀大了的鸡蛋时，将蛋膜捣碎，使蛋清、蛋黄与醋混匀，再放置24小时制成醋蛋液。用时取醋蛋液40~50毫升，加2~3倍温开水，再加适量蜂蜜或糖，每天灌服1次，连用10~15天。

方2 大黄800克，木通、阿胶各600克，甘遂400克。用法：上药共研细末，按每千克体重1克，重症按每千克体重1.5克加适量水调匀一次灌服，轻症每天1~2剂，重症每天1~3剂，连用2~6剂。

方3 玄参、麦冬、生地黄、大黄、芒硝各20克。用法：水煎灌服，每天1剂，连用3~4天。

方4 蜂蜜、麻油各100克。用法：加温水适量调匀，一次灌服。适用于瘦弱、妊娠后期的母猪。

方5 玄参50克、麦冬40克、生地黄50克、黄芩30克、杏仁30克、陈皮50克、大黄30克、炒三仙30克。用法：共研细末，开水冲调，50千克猪分早晚2次喂服或灌服，每天1剂，连用2~3天。

方6 白术9~15克，生地黄30~60克，升麻3~9克。用法：水煎取汁，候温灌服，每天1剂，连用2~3天。适用于腹泻后便秘。

方7 木香8克、槟榔6克、大黄15克、芒硝30克。用法：水煎成500~1000毫升，一次灌服。

方8 槟榔6克，枳实、厚朴各9克，大黄15克，芒硝30克。用法：水煎成500~1000毫升，一次灌服。

方9 山楂40克、麦芽50克、六曲50克、莱菔子40克、大黄30克、芒硝40克。用法：水煎灌服，每天1剂，连用2~3天。病初口渴严重时加石膏；病程长、体质差时，加黄芪、当归、川芎；发热时加柴胡、生姜、荆芥；腹胀比较严重时，加陈皮、厚朴、知识。

方10 木香8克、玉片6克、大黄15克、芒硝30克。用法：共研细末，开水冲调，40千克的猪用汤匙慢慢灌服，每天1剂，连用2天。

方11 番泻叶适量。用法：按每千克体重1克取番泻叶，开水浸泡15分钟，候温去渣灌服，每6小时用1次，连用1~3次。

方12　大黄30～90克、芒硝60～150克、甘草30～60克。用法：先煎大黄、甘草，将药液滤出，冲溶芒硝，待温一次灌服。用于胃肠实热便秘。

方13　鲜香蕉头200克、鲜旱莲草30克。用法：捣汁内服，每天3次。

方14　麻仁、瓜蒌子、莱菔子、郁李仁、滑石各10克（25千克猪的剂量）。用法：煎水灌服。

2. 西药疗法

治疗便秘的原则是疏通肠道，纠正脱水，防治酸中毒。

方1　酸钠（镁）30～80克或人工盐50～100克，拌料内服。

方2　植物油50～150毫升或液状石蜡50～100毫升，内服。

方3　食盐100～200克，鱼石脂（酒精溶解）20～25克，加温水8～10千克，待盐化开后，一次灌服。

方4　2%苏打水或温肥皂水（温）适量，深部灌肠。

十、猪直肠脱

猪直肠脱又称脱肛，是指直肠末端黏膜或部分直肠向外翻出而垂脱于肛门外，多发生于肛门括约肌先天性衰弱的幼猪。

【病因】　猪直肠脱主要由于饲料缺乏蛋白质、维生素等营养，饮水不足，采食粗纤维含量过多的日粮，猪体虚弱，长期或剧烈腹泻，难产努责，直肠便秘，投服过量驱虫药，肠道寄生大量虫体，以及极度惊吓等因素均可引起直肠脱。

【临床症状】　轻症猪卧地，或者排便后直肠部分脱出，直肠黏膜的皱襞往往在一定时间内不能自行复位，在肛门口处见到圆球形肿胀物，表面呈浅红色或暗红色。重症病猪直肠完全脱出，肛门外凸出物呈长圆柱状，肠黏膜红肿发亮。随着脱出时间的延长，黏膜由暗红色转为暗褐色，严重时可继发局部性溃疡和坏死。此时常伴有全身症状，如体温升高、食欲减退、精神沉郁，并且频频努责，不断做出排便姿势。

【中兽医辨证】　治宜益气升提，清热燥湿，收敛固脱。

【预防】　防治猪舍潮湿，猪拉稀或便秘。在淀粉含量高的日粮中添加2%～4%的草粉，保证猪能获得充足的饮水。确保谷物来源可靠，配料前应将谷粒清洗干净。应根据条件增大猪的活动空间，防止近亲交配。后备公猪和非配种期公猪应加大运动量或放牧时间。

【良方施治】

1. 中药疗法

方 1 党参、黄芪、白术、升麻各 30 克，柴胡、当归、陈皮各 20 克，甘草 15 克。用法：水煎或研末开水冲调，一次灌服，每天 1 剂，连用 2～3 天。整复、固定后内服。

方 2 对后海、阴肛脱穴，接通电针机电针治疗 15～20 分钟，每天或隔天 1 次，连续 3～5 次。

2. 西药疗法

首先改善饲养管理，防止便秘或下痢，直肠脱出后必须及时整复。

方 1 在病猪直肠脱出不久、黏膜表层损伤不重时，用 0.1% 高锰酸钾溶液或 0.1% 新洁尔灭溶液清洗脱出的直肠黏膜，去除坏死黏膜，并在脱出部涂上少量液状石蜡等润滑剂，使猪保持前高后低姿势，缓慢回送脱出的直肠，完全复位后在肛门处加压堵塞 5 分钟。肠管若水肿严重，可针刺水肿的黏膜后，用纱布包起，挤出水肿液，使肠管缩小，而后整复。

方 2 反复发作的直肠脱，在复位后可用袋口缝合法缝合肛门。注意打结不可过紧，以免影响排粪，整复后 1 周内给予易消化饲料，多喂青饲料，若 2～3 天大便不通，必须进行灌肠，数天后努责消失即可拆线。

十一、猪肾炎

肾炎是指肾实质、间质或肾盂发生的炎症。

【病因】 单独发生很少，一般与细菌感染、传染性疾病和中毒等因素有关。另外，自体免疫性疾病和抗原抗体反应也可继发。

【临床症状】

（1）急性肾炎 病猪精神委顿，食欲不振，弓腰，肾区敏感，触痛，频频排尿，但尿量很少，尿色暗浊。发病初期体温升高。发病末期出现水肿，严重时病猪出现痉挛、昏迷、呼吸困难等尿毒症症状。

（2）慢性肾炎 病猪消瘦，被毛无光，皮肤无弹性，食欲不振，多饮多尿，后期尿少。体温正常或稍低，脉搏增强，可视黏膜苍白，口臭，口腔和齿龈黏膜溃疡。间歇性呕吐，消化不良，有腹水。病程长达几年，有的反复发作。

【良方施治】

1. 中药疗法

方1　秦艽50克，瞿麦、车前子、炒蒲黄、焦山楂各40克，当归、赤芍各35克，阿胶25克。用法：共研末，水调一次灌服。用于急性肾炎的治疗。

方2　苍术、厚朴、陈皮各50克，泽泻45克，大腹皮、茯苓皮、生姜皮各30克。用法：水煎候温一次灌服。用于慢性肾炎的治疗。

方3　黄连、生地黄、黄芩、甘草各15克，栀子、木通、泽泻、茯苓、滑石、白芍各10克。用法：煎汤一次内服。

2. 西药疗法

肾炎的治疗原则是消除病因，加强护理，利尿，抑制免疫反应，防止尿毒症的发生。限制病猪的食盐摄入，避免剧烈运动，给予高能量富含维生素A和低蛋白质的饲料及充足的饮水。

方1　青霉素钠100万国际单位，链霉素100万国际单位，注射用水5毫升。分别一次肌内注射，连用3~5天。

方2　双氢克尿噻（氢氯噻嗪）每次用0.05~0.2克。一次内服，每天2次，连用3~5天。

为避免增加肾脏负担，慎用卡那霉素、庆大霉素，禁用磺胺类药物。

十二、猪膀胱炎

猪膀胱炎是由于细菌感染或邻近器官炎症的蔓延引起膀胱黏膜表层或深层发生的炎症。临床上以频尿、尿痛、膀胱部位有触痛，有时尿液呈红色，静止后有沉渣等为特征。

【病因】　通常由于化脓杆菌、大肠杆菌、葡萄球菌、链球菌、绿脓杆菌、变形杆菌等病原微生物侵入尿道或不当使用刺激性药物所致。使用导尿管不当、尿结石、外伤等也可机械性致病。另外，寒冷、湿热、刺激物质、某些急性传染病等也可继发本病。

【临床症状】

（1）急性膀胱炎　病猪频频排尿或呈排尿姿势，但每次排出的尿量较少或呈滴状不断流出。排尿时表现焦急、不安，严重者由于膀胱颈肿胀或膀胱括约肌痉挛而引起尿闭，此时病猪更加疼痛不安。有些病猪有血尿，尿液混浊并有臭味。触诊膀胱有疼痛的收缩反应。当膀胱炎导致输尿管、肾盂、肾小球发炎时，可出现全身症状。

（2）慢性膀胱炎 症状较轻，无排尿困难，但病程较长，触诊膀胱可知膀胱黏膜肥厚，有时可触及膀胱内肿瘤或结石。

【中兽医辨证】 热淋治宜清热降火，利尿通淋。血淋治宜清热利湿，凉血止血。

【预防】 建立严格的卫生管理制度，防止病原微生物的侵袭和感染。导尿时，应严格遵守操作规程和无菌原则。患其他泌尿器官疾病时，应及时进行治疗，以防转移蔓延。对母猪生殖器官疾病，应采取有效的防治措施。

【良方施治】

1. 中药疗法

方1 黄芩、栀子、知母、黄柏、甘草各15克，车前子、木通、猪苓各10克。用法：煎汤一次内服，每天1剂，连用3天。

方2 滑石15克、泽泻18克、灯心草20克、茵陈15克、猪苓18克、车前子15克、知母18克、黄柏15克。用法：研末，开水冲调，一次灌服，连用3天。

方3 秦艽15克、当归15克、赤芍15克、蒲黄（炒）15克、瞿麦15克、栀子12克、车前子12克、大黄12克、没药8克、连翘10克、淡竹叶8克、灯心草8克、甘草5克。用法：研末，开水冲调，候温灌服，连用3天。

2. 西药疗法

治疗原则是加强饲养管理、抗菌消炎、防腐消毒及对症处理。首先应使病猪安静，再给予充足饮水，喂给无刺激、易消化、营养丰富的食物。

方1 同猪肾炎西医疗法中的方1。

方2 20%乌洛托品注射液20～30毫升一次静脉注射，每天1次，连用3～5天。

为提高疗效，有条件者穿刺抽取尿液做细菌培养和药敏试验，选择最有效的抗菌药物。

十三、猪尿道炎

猪尿道炎是由于尿道的细菌感染引起的尿道黏膜的炎症，在临床中属于少见的一种泌尿器官疾病。

【病因】　多因导尿不慎或交配等原因损伤尿道，或者尿道结石及刺激性药物刺激尿道而引起。

【临床症状】　病猪精神不安，食欲减退，尿液断断续续流出。公猪阴茎频频勃起，母猪不断开张阴唇、努责，尿道黏膜肿胀潮红，不断做排尿状，有时点滴不止，流出黏液性分泌物，严重时可见尿液混浊，甚者尿中带有黏液、血液或脓液，有时还有坏死黏膜脱落。

【良方施治】

1. 中药疗法

方1　车前子、滑石、黄连、栀子各12克，木通、甘草10克。用法：煎汤内服，每天1剂。

方2　野菊花150克。用法：煎水冲洗患部。

方3　鲜车前草1000~1500克。用法：洗净，切碎，拌料饲喂，连服4天。

2. 西药疗法（治宜消炎利尿）

方1　青霉素钠100万国际单位，注射用水5毫升。一次肌内注射，每天2次，连用3~5天。

方2　尿闭时用1%呋塞米（速尿）注射液5~10毫升。一次肌内注射，按每千克体重1~2毫克用药，每天2次，连用3~5天。

方3　明矾水或0.1%雷佛诺尔溶液适量冲洗尿道。

十四、猪血尿症

猪血尿症是泌尿系统及其邻近器官或全身某些疾病的一个症状，大量红细胞混入尿液中，尿液可呈鲜红色，洗肉水样或红茶样。

【病因】　泌尿系统本身病损，如炎症；全身性疾病感染（如败血症、亚急性细菌性心内膜炎、钩端螺旋体）、血液病（如白血病等）。随着猪场集约化程度不断提高，本病呈上升趋势。

【临床症状】　病猪排尿困难，疼痛不安，尿中带血。各种原因的泌尿系统出血时（如急性肾炎、泌尿系统感染；泌尿系统结石、结核、肿瘤及某些出血性疾病等），病猪排粉红色混浊尿，显微镜下可见到多数甚至满视野的红细胞。红褐色尿呈酱油色，常见于血型不合的输血、严重烧伤、某些溶血性疾病等。鲜红色尿主要见于尿道中附近外创性出血，如公猪阴茎龟头创伤性出血、母猪产道外伤等。

【中兽医辨证】 湿热蕴结膀胱，伤及脉络，血随尿排出，遂成血淋。血淋与尿血均可见尿中带血，一般排尿涩痛、淋漓不尽者为血淋，无排尿涩痛、尿淋漓者为尿血。治宜清热利尿，凉血止血。

【良方施治】

1. 中药疗法

方1 小蓟饮子（生地黄、小蓟、滑石、炒蒲黄、淡竹叶、藕节、通草、栀子、炙甘草、当归，《重订严氏济生方》）。

方2 小蓟、藕节、蒲黄、竹叶各15克，木通、生地黄、黑栀子、滑石、当归、干草稍各10克。用法：一次煎服，每天1剂，连用2~3天。尿血日久体虚，方减木通、滑石，加党参、黄芪、石斛、阿胶各12克。

方3 小蓟12克、生地黄24克、滑石12克、蒲黄（炒）6克、淡竹叶6克、藕节6克、木通4克、栀子4克、炙甘草4克。用法：研末，开水冲调，候温灌服，连用2~3天。

方4 知母15克、黄柏15克、地榆15克、蒲黄15克、栀子10克、槐花10克、侧柏叶10克、血余炭10克、杜仲10克、棕皮8克。用法：各药炒黑，研末，开水冲调，候温灌服，连用2~3天。

方5 萹蓄草。用法：按每千克体重3克用药，切碎，加水适量煎煮30分钟，去渣候温灌服，每天1次，连用2天。

方6 滑石30克、甘草6克、车前草60克、灯心草1撮、鲜芦根120克。用法：水煎，分2次喂服，连用2~3天。

2. 西药疗法

卡巴克洛（安络血）注射液4~6毫升，一次肌内注射，每天1次，连用3~5天；青霉素钠80万国际单位+注射用水2毫升，一次肌内注射，每天1~2次，连用3~5天；维生素C注射液8~10毫升，一次肌内注射，每天2次，连用3~5天。

十五、猪癫痫

猪癫痫是由于大脑皮层机能障碍所引起的中枢神经系统的一种疾病。临床上以短时间阵发性、连续意识障碍（晕厥）和反复出现强直性痉挛为特征。

【病因】 多由脑组织代谢障碍，或受机械性压迫等引起，仔猪多发。

脑部疾病（脑水肿、脑炎等）、传染病（狂犬病、伪狂犬病）、营养代谢病（低钙血症、低镁血症、维生素 B_1 缺乏等）、中毒病（一氧化碳中毒等）及过敏反应等也可继发。

【临床症状】 病猪多无前躯症状，突然发作，随即跌倒而晕厥，发生强直性和间歇性痉挛。全身僵硬，四肢伸展，意识消失，眼光虚视，瞳孔散大，肌肉震颤，眼睑发生痉挛，眼球旋转或斜视，牙关紧闭，唇、颜面肌肉痉挛，从口角流出泡沫样唾液。知觉及反射消失，心跳加快，结膜呈蓝紫色。最后，大小便失禁。发作持续数秒钟至几十分钟。晕厥结束后，逐渐自动起立，意识和感觉也恢复正常。

【中兽医辨证】 治宜镇静解痉。

【良方施治】

1. 中药疗法

方1 钩藤、羌活、独活各25克，乌梢蛇、天南星、半夏各15克，防风、白芷、甘草各10克，柴胡35克。用法：煎水去渣，一次内服，连用1～3天。

方2 鲜地龙150克，僵蚕100克，全蝎、乌梢蛇、胆天南星各10克。用法：将鲜地龙捣成泥状，余药煎水去渣，混合，一次胃管灌服，隔天1次，连用3次。

方3 针灸穴位：天门、山根、太阳、血印、六脉、百会、尾本。针法：白针、血针。

2. 西药疗法

治疗主要是加强护理，保持安静，防止各种不良因素刺激和影响。考虑到本病可能有遗传因素，有癫痫病史的猪不宜留作种用。

10%苯巴比妥钠（鲁米那）按每千克体重2～4毫克用药，一次肌内注射，每天1次，连用5～7天。

十六、猪中暑

猪中暑又称热衰竭，是指机体产热过多而散热受阻引起体温升高，最终导致中枢神经系统机能严重紊乱的一种急性疾病。

【病因】 猪在烈日下暴晒，或者在炎热环境下活动不能及时补充水、盐或因失水、失盐致使血容量减少，影响散热而发生本病。其中由于日光直接照射头部，引起中枢神经系统机能障碍者为日射病；由于过劳，天气闷热、潮湿，散热减少，使热在猪体内积蓄，引起中枢神经系统机能严重障碍或紊乱者为热射病。

【临床症状】 病猪精神沉郁，四肢无力，步态不稳，体温升高（特别严重者升至42℃以上），呼吸急促以至困难，心跳加快，末梢静脉怒张，恶心，呕吐，全身无力，运步摇晃。黏膜初呈鲜红色，逐渐发绀，瞳孔散大，随病情改善而缩小。肾功能衰竭时，少尿或无尿。若治疗不及时，有些在昏睡状态下死亡。

【中兽医辨证】 治宜清热解暑，安神开窍。

【预防】 为防止本病，在炎热的夏季，猪舍要有防暑降温设施，防止日光直射猪体。猪舍保持通风良好，并经常向舍内地面喷洒凉水，保证猪有足够的饮水。

【良方施治】

1. 中药疗法

方1 藿香正气水或十滴水。用法：内服，每次10~20毫升，每天2次。

方2 生石膏25克，鲜芦根70克，藿香、佩兰、青蒿、薄荷各10克，鲜荷叶70克。用法：水煎灌服，每天1剂。

方3 鱼腥草、野菊花、淡竹叶各100克，陈皮25克。用法：煎水1000毫升，一次灌服。

方4 香薷、厚朴各30克，金银花40克，连翘35克，麦冬25克。用法：水煎取汁，分2次灌服。兴奋不安加远志30克、钩藤30克、蜈蚣10克、全蝎10克；昏迷加郁金20克、菖蒲20克、天竺黄20克。

方5 香薷、白扁豆、麦冬、薄荷、木通、猪牙皂、藿香、茵陈、白菊花、金银花、茯苓、甘草、人参叶各25~30克。用法：共研细末，石菖蒲适量煎水冲服。

方6 党参10克、芦根15克、葛根20克、生石膏30克、茯苓20克、黄连10克、知母20克、玄参15克、甘草10克。用法：水煎服。无汗加香薷；神昏加远志、石菖蒲；狂躁不安加朱砂、茯神；四肢抽搐加钩藤、菊花。

方7 甘草、滑石各30克。用法：共研细末，拌入适量绿豆汤中，一次灌服。

方8 大青叶25克、香薷30克。用法：水煎灌服。

2. 西药疗法

立即将猪放置阴凉处，保持安静。迅速用冷水浇头部或灌肠，或者在头颈部、腋下和股内侧放置冰块，待猪体温下降到38.5℃以下时立即停止降温。10%樟脑磺酸钠注射液4~6毫升，一次肌内注射；先耳静脉放血100~200毫升，再静脉注射5%葡萄糖生理盐水100~300毫升，4~6小时后重复1次。

第二节　猪营养与代谢病防治

一、猪维生素A缺乏症

猪维生素A缺乏症是猪发生慢性肠道疾病时而导致的维生素A缺乏，主要表现为明显的神经症状，头颈向一侧歪斜，步态蹒跚，共济失调，不久即倒地并发出尖叫声。

【病因】　饲料中维生素A和胡萝卜素不足或缺乏。长期饲喂缺乏胡萝卜素或维生素A的饲料，如棉籽饼、亚麻籽饼、甜菜渣、糠麸及劣质干草，在无青饲料和未添加维生素A的情况下，猪很易发病。饲料中维生素A和胡萝卜素损失（可因加工不当、贮存过久、发霉变质、被雨淋和长期日光暴晒引起）；肝胆疾病和慢性消化道疾病导致维生素A和胡萝卜素吸收、利用障碍等因素也会导致维生素A不足。

【临床症状】　仔猪呈现明显的神经症状，表现为目光凝视，瞬膜外露，头颈向一侧歪斜，步态蹒跚，共济失调，不久即倒地并发出尖叫声，继发抽搐，角弓反张，四肢呈游泳状；有的表现为皮脂溢出，周身表皮分泌褐色渗出物；可见夜盲症（眼结膜发炎，畏光流泪，有白色或红色分泌物，严重时出现角膜溃疡，导致半失明或失明）。成年猪后躯麻痹，步态蹒跚，后躯摇晃，后期不能站立，针刺反应减退或丧失。母猪发情异常，出现流产、死产、胎儿畸形（如无眼、独眼、小眼、腭裂等）。公猪睾丸退化缩小，精液质量差。

【预防】　主要是保持饲料中有足够的维生素A原或维生素A，日粮中应有足量的青饲料、优质干草、胡萝卜、块根类等富含维生素A的饲料，或者在饲料中添加维生素A制剂。防止饲料和饲草贮存时间过长、腐败变质或暴晒。妊娠母猪需在分娩前40~50天注射维生素A或内服鱼肝油、维生素 A 浓油剂，可有效地预防初生仔猪的维生素 A 缺乏。

【良方施治】

1. 中药疗法

方 1 苍术 5 ~ 10 克。用法：仔猪一次内服，每天 2 次，连用数天。

方 2 苍术、土党参、土人参等份。用法：共研末，每天 20 ~ 50 克拌料内服，连用 3 ~ 5 天。

方 3 苍术适量。用法：研细末，每次取 25 克拌入饲料中饲喂母猪，每天 1 次，连用 7 ~ 10 天。

方 4 胡萝卜 150 克、韭菜 120 克。用法：一次混入饲料中喂服，每天 1 次，连用 3 ~ 5 天。

方 5 羊肝 150 克、苍术 5 克。用法：共捣烂，开水冲调，一次内服。治肝虚脾湿，虚火上攻，夜盲眵多。

2. 西药疗法

方 1 维生素 A 注射液 50 万国际单位，一次肌内注射，隔天 1 次，连用数次。

方 2 维生素 A、维生素 D 合剂，2 ~ 5 毫升，隔天肌内注射 1 次，连用 2 ~ 3 次。

方 3 鱼肝油 10 ~ 15 毫升，拌料饲喂，每天 1 次，连用 3 ~ 5 天。

方 4 未开食仔猪每天灌服鱼肝油 2 ~ 5 毫升，每天 1 次，连用 3 ~ 5 天。

二、猪佝偻病

猪佝偻病是生长期的仔猪由于维生素 D 及钙、磷缺乏或饲料中钙、磷比例失调所致的骨组织发育不良的一种非炎性疾病，又称骨软病。临诊特征是消化紊乱、异嗜癖、软骨钙化不全、跛行及骨骼变形。

【病因】 本病通常因妊娠母猪体内矿物质（钙、磷）或维生素缺乏，影响胎儿骨组织正常发育；或者仔猪断乳后，饲料调配不当，日粮中维生素 D 和钙缺乏或食物中钙、磷比例失调，阳光照射不足而引起。此外，断乳过早或罹患胃肠疾病、肝脏疾病影响钙、磷和维生素 D 的吸收或转化，饲料中蛋白质含量过高等都可继发猪佝偻病。

【临床症状】 患先天性佝偻病的仔猪，生后衰弱无力，经过数天仍不能自行站立；扶助站立时，腰背拱起，四肢弯曲不能伸直。后天性佝偻病发生慢，早期呈现食欲减退、消化不良、精神沉郁，然后出现异嗜癖，生长发育缓慢或停滞，四肢软弱无力，站立不稳，关节肿胀，前肢腕关节变形、疼痛，四肢变形，呈“X”或“O”型腿，肋骨与肋软骨连接处肿大呈串球状。有的病猪不能起立，卧跪采食，胸廓两侧扁平狭小。

【预防】 首先改善妊娠、哺乳母猪与仔猪的饲养管理，给予含钙、磷比例适宜的饲料，饲料中可补加鱼肝油或经紫外线照射的酵母。其次给予适当的光照和运动。

【良方施治】

1. 中药疗法

方1 骨粉70%，小麦麸18%，仙灵脾、五加皮、苍术各1.5%，茯苓、白芍、大黄各2.5%。用法：除骨粉外的其他药共研细末，加入骨粉混匀，每天取30~50克，分2次拌料喂服，连喂7天。

方2 煅牡蛎20份、煅骨头30份、炒食盐15份、小苏打（碳酸氢钠）10份、苍术7份、炒茴香3份、炒黄豆15份。用法：共研细末，每天8~15克，连用30~40天。

方3 益智仁30克，五味子、当归、肉桂、白术各24克，厚朴、肉豆蔻各21克，陈皮18克，白芍、川芎、槟榔、甘草各15克。用法：上药混合，共研细末，开水冲泡，候温饮服，每天1次，连喂7天。

方4 猪头盖骨、生牡蛎各40克，乳香、没药、益智仁各15克，鱼肝油35克。用法：研末共拌料饲喂，小猪分10次服完，母猪分2次服完。

方5 老狗骨250克。用法：焙干研粉，兑水酒适量，拌料喂服，分2~3次服完（仔猪酌减）。

2. 西药疗法

方1 维生素D_3注射液1~2毫升，肌内注射，每天1次，连用5~7天。

方2 维生素AD（鱼肝油）0.5~1毫升拌料饲喂，每天1次，连用数天。

方3 维丁胶性钙注射液按每千克体重0.2毫升一次肌内注射或脾俞穴注射，每天1次，连用5~7天。

方4 10%葡萄糖酸钙注射液20~50毫升一次静脉注射，每天1剂，连用5~7天。

三、猪锌缺乏症

猪锌缺乏症是由于饲料中锌缺乏或不足引起的一种营养代谢病，其症状是生长迟缓，脱毛，皮肤痂皮增生、皲裂，骨骼发育异常，繁殖机能障碍和创伤愈合缓慢。

【病因】 本病主要由饲料含锌量不足或锌缺乏导致。饲料含锌量与土壤含锌量尤其是有效态锌水平密切相关，中国约30%的地区属缺锌区（如北京、河北、湖北、湖南、陕西等十几个省、市、区），土壤、水中缺锌，造成植物饲料中锌的含量不足或有效态锌水平低于正常，这是引起仔猪缺锌的直接原因。饲料存在干扰锌吸收利用的因素，如高钙日粮，尤其是钙，通过吸收竞争而干扰锌的利用，诱发锌缺乏症；饲料中植酸、氨基酸、纤维素、糖的复合物、维生素D过多，不饱和脂肪酸缺乏，以及猪患有慢性消耗性疾病时，均可影响锌的吸收进而造成锌的缺乏。

【临床症状】 病猪生长发育缓慢或停滞，生产性能减退，繁殖机能异常，骨骼发育障碍，皮肤角化不全，创伤愈合缓慢，免疫功能缺陷是本病的基本临床特征。病猪表现为增重缓慢，食欲减退。临床特征是皮肤发生不全角化，以四肢（尤其后肢）、尾根、肛周、会阴、腹下、耳朵等部位最为明显，其次是颈部、面部，再次为背部。患部皮肤初显红点、红斑，继而发展成直径为3～5毫米的丘疹，很快表皮变厚，有数厘米深的裂隙，增厚的表皮上覆盖容易剥离的鳞屑。病变区域对继发细菌易感，常导致脓皮病和皮下脓肿。严重缺锌的母猪出现假发情，屡配不孕，产仔数减少，新生仔猪成活率降低，弱胎和死胎增加。公猪睾丸发育及第二性征的形成缓慢，精子缺乏。遭受外伤的猪只，伤口愈合缓慢。

【预防】 科学进行饲料配合，在饲料中添加标准量的硫酸锌或碳酸锌，适当限制钙的水平，使钙与锌的比例维持在100∶1，其他矿物质及微量元素也需要按标准适量添加，即可取得预防作用。对于舍饲生猪，适当补饲含不饱和脂肪酸的油类、酵母、糠麸、油饼及动物性饲料，合理搭配青饲料也具有良好的作用。

【良方施治】

1. 中药疗法

方1 党参、茯苓、山药、白扁豆、薏苡仁、大枣各80克，白术、莲子各12克，陈皮50克，桔梗30克，砂仁15克。用法：煎汁，加入少量稀粥，供8头猪1天内服，连用3~5天，必要时可再重复1次。

方2　陈皮25克，砂仁8克，党参、茯苓、山药、白扁豆、白术、莲子、薏苡仁、大枣各40克，桔梗15克（4头仔猪的剂量）。用法：煎汁去渣，加入稀粥喂服，连用3天。

2. 西药疗法

方1　硫酸锌，内服，每头猪0.2~0.5克，每天1次，连用3~5天。

方2　硫酸锌或碳酸锌注射液，按每千克体重2~4毫克肌内注射，每天1次，10天为一个疗程。

方3　硫酸锌软膏适量外涂皮肤开裂处。

四、猪硒-维生素E缺乏症

猪硒缺乏症与维生素E缺乏症，不仅在临床特征、病理变化上有许多共同之处，而且在病因、发病机理及防治效果等方面也存在着极其复杂的相互关系。因而，这两种缺乏症统称为猪硒-维生素E缺乏症。临床上以发病死亡猪的骨骼肌、心肌、肝脏的变性和坏死及渗出性素质为特征。

【病因】　本病主要由于饲料中硒和维生素E不足导致。而饲料中硒含量的不足或硒缺乏又与土壤中可利用硒（水溶性硒）的低水平密切相关。我国大部分地区缺硒，在低硒的土壤中生长的植物含硒很低，用这些植物做饲料，很可能造成缺硒。哺乳仔猪缺硒主要是由于母猪妊娠或哺乳时日粮中硒添加不足所致。此外，由于饲养管理不善，猪舍卫生条件比较差，以及各种应激因素都可能诱发本病。

【临床症状】　猪硒-维生素E缺乏症主要表现为肌营养不良、桑葚心病、肝营养不良。

（1）肌营养不良（营养性肌营养不良）　以骨骼肌、心肌及肝脏等变性、坏死为主要特征，也称白肌病，多见于1~3月龄或断乳后的育成猪，通常是肝营养不良和桑葚心病的恒定性并发症。急性型病例往往没有先驱征兆而突然发病死亡，本型多见于生长快速、发育良好的仔猪。亚急性型病例精神沉郁，食欲不振或废绝，腹泻，心跳加快，心律不齐，呼吸困难，全身肌肉弛缓乏力，不愿活动，行走时步态强拘、后躯摇晃、运动障碍，严重者起立困难、站立不稳。慢性型病例精神不振，食欲减退，生长发育停止，皮肤呈灰白色或灰黄色，不愿活动，行走时步态摇晃；严重时，起立困难，常呈前肢跪下或犬坐姿势，病程继续发展则四肢麻痹、卧地不起。死后剖检变化常见骨骼肌和心肌有特征性变化，骨骼肌特别是后躯臀部和股部肌肉色浅，呈灰白色条纹，膈肌呈放射状条纹；切面粗糙不平，有坏死灶；心包积水，心肌色浅，尤以左心肌变性最为明显。

(2) 桑葚心病 桑葚心病曾称营养性毛细血管异常或心肌营养不良，多见于外观发育良好的仔猪，往往缺乏明显临床症状或仅在短时间内沉郁、尖叫，继而抽搐死亡。病程短的病例，可见厌食，精神沉郁，躺卧，心跳加快，心律失常，两腿间的皮肤可出现形态不一的紫色斑点，甚至全身出现斑点；强迫运动常立即死亡。死后剖检可见心脏增大，呈圆球形，因心肌和动脉及毛细血管受损，沿心肌纤维走向的毛细血管多发性出血，心脏呈暗红色，故称为桑葚心。

(3) 肝营养不良 该型常见于1～4月龄的仔猪和肥育猪，具有群发特点，死亡率较高，可分为急性型和慢性型两种。急性型多见于营养良好、生长迅速的仔猪，以3～15周龄的猪多发，常突然发病死亡；剖检可见肝脏红褐色健康小叶和出血性坏死小叶及浅黄色的缺血性坏死相互混杂，构成彩色斑斓样的镶嵌式外观，通常称为槟榔肝或花肝。慢性型病猪的皮肤、可视黏膜黄染，食欲不振，贫血，消化不良，呕吐、腹泻，粪便呈暗褐色煤焦油状；剖检可见肝脏出血部位呈暗红褐色，坏死部位萎缩，结缔组织增生形成瘢痕，以至肝脏表面粗糙且凹凸不平。

成年猪硒-维生素E缺乏症呈现明显的繁殖功能障碍，母猪屡配不孕，妊娠母猪早产、流产、产死胎，所产仔猪孱弱，产后易发乳腺炎、子宫炎、泌乳缺乏综合征。

【预防】 鉴于饲料中硒不足或缺乏是直接原因，因而采取提高饲料中硒含量，供给猪以全价营养日粮。尽量避免使用低硒地区种植的饲料或单一地以玉米作为基础日粮。本病常发地区或可疑地区，除了采取在饲料中补加硒或补加硒及维生素E的饲料添加剂，也可对猪群施行亚硒酸钠的预防性注射。有条件的也可配合应用维生素E制剂。

【良方施治】

1. 中药疗法

方1 熟地、当归、白芍、枸杞子、首乌各15克，川芎、续断、阿胶各12克，杜仲10克，麦芽、山楂各30克，黄芪20克。用法：除阿胶的其他药水煎去渣，加阿胶烊化，灌服，每天1剂，连用3天。

方2 首乌、当归、肉苁蓉、菟丝子各15克，生地黄、熟地、枸杞子、女贞子各 12 克，甘草 10 克，阿胶 15 克。用法：除阿胶的其他药水煎去渣，加阿胶烊化，灌服，每天 1 剂，连用 3 天。

方 3　生地黄、熟地、枸杞子、女贞子各 12 克，首乌、当归、阿胶、肉苁蓉、菟丝子各 15 克，甘草 10 克。用法：除阿胶的其他药水煎去渣，加阿胶烊化，灌服，每天 1 剂，连用 3 天。

2. 西药疗法

方 1　0.1% 亚硒酸钠注射液，肌内或皮下注射，每次 2 ~ 4 毫升，隔 20 天再注射 1 次。配合应用维生素 E 50 ~ 100 毫克，肌内注射效果更好。

方 2　亚硒酸钠维生素 E 注射液 1 ~ 3 毫升/次（1 毫升含硒 1 毫克，维生素 E 50 国际单位）。

五、仔猪营养性贫血

仔猪营养性贫血是指 5 ~ 21 日龄的哺乳仔猪缺铁所致的一种营养性贫血，多发于秋、冬、早春季节，对猪的生长发育危害严重。

【病因】　因营养不良及微量元素（如铁）供应不足或不能满足仔猪需要，影响仔猪体内血红蛋白的生成，红细胞的数量减少，导致发生贫血。另外，母猪及仔猪饲料中缺乏钴、铜、蛋白质等也可发生贫血。

【临床症状】　病猪精神沉郁，离群伏卧，食欲减退，营养不良，生长缓慢，被毛粗乱，皮肤干燥且缺乏弹性，喜卧，腹泻，可视黏膜苍白且轻度黄染，有异嗜癖。

【预防】　加强妊娠母猪和哺乳母猪的饲养管理，饲喂富含蛋白质、无机盐（铁、铜）和维生素的日粮。在妊娠母猪产前 2 天至产后 1 个月，适量补充硫酸亚铁，使仔猪可通过采食母猪富含铁的粪便而补充铁质。或者在母猪产仔前后各 1 个月内补充水解大豆蛋白螯合铁，可有效防止仔猪缺铁性贫血的发生。

【良方施治】

中药疗法如下：

方 1　党参、白术、茯苓、神曲、熟地、厚朴、山楂各 10 克。用法：煎汤 1 次灌服，连用 3 天。

方 2　鸡血藤 90 ~ 150 克。用法：水煎服，每天 1 剂，连用 3 天。用于缺铁性贫血。

方 3　当归、生地黄各 30 克，白术 15 克，茯苓 20 克，使君子 30 克，甘草10克。用法：水煎，分2次服用。

方4 茯苓30克，白术20克，当归、生地黄各60克，槟榔50克，使君子30克，甘草10克。用法：加水1000毫升，浓煎至200毫升，加入红糖50克，每千克体重内服3~5毫升，每天2次，连用2~3天。

六、新生仔猪低血糖症

新生仔猪低血糖症是仔猪新陈代谢紊乱，肝糖形成减少引起中枢系统障碍的一种营养代谢病，多发于生后1周以内的仔猪。同窝仔猪可大部分或一部分同时发病。

【病因】 妊娠期间母猪的饲料营养不全面及产后感染子宫炎、乳腺炎等，造成母猪少乳、无乳，或者仔猪多、乳头少导致弱小仔猪吮乳不足或吃不到母乳，从而造成仔猪饥饿，这是发生新生仔猪低血糖症的主要原因。仔猪患有胃肠疾病（如弱仔猪或仔猪患有大肠杆菌病、传染性胃肠炎等无力吮乳或消化吸收不良等），消化机能障碍不能充分利用乳汁中的营养成分是发病的内在因素。

【临床症状】 新生仔猪低血糖症表现为神经机能紊乱。病初病猪精神沉郁、吮乳停止、四肢无力、步态不稳、反应迟钝等。有的仔猪也表现出卧地不起、神经症状、肌肉震颤、头向后仰，四肢呈游泳状划动。后期仔猪昏迷不醒、意识丧失，体温降至36℃左右，全身衰竭而死亡。

【预防】 加强妊娠母猪的精细饲养管理，营养要全面，饮水要充足，确保产后乳汁分泌充足。加强哺乳仔猪管理，让每个仔猪特别是弱仔猪能吃足初乳，仔猪过多时要进行人工哺乳或寄养。

【良方施治】

1. 中药疗法

方1 当归、黄芪各20克。用法：加水煎成100毫升，加入红糖30克混匀后一次内服，连用3天。痉挛者加钩藤20克。四肢无力者加牛膝20克、木瓜20克。

方2 鸡血藤50克。用法：加水煎成50毫升，加食糖25克，一次灌服，每天3次，连用2天。

方3 蜂蜜2~5克。用法：一次灌服，每天2次，连用2天。

2. 西药疗法

方1 10%~20%葡萄糖注射液10~20毫升，静脉或腹腔注射，每天

3～4 次，连用 2 天。

方 2 灌服葡萄糖液或红糖、白糖溶液。

七、僵猪症

生产中常有些仔猪光吃不长或长得很慢，被毛蓬乱无光泽，体格瘦小，圆肚子，尖屁股，大脑袋，弓背缩腹，称为“刺猬猪”“小老猪”，此即僵猪。僵猪会影响猪群出栏率和经济效益，必须采取相应措施，防止僵猪的产生。

【病因】 一是妊娠母猪饲养管理不当，使胎儿生长发育受阻，造成仔猪先天不足，形成“胎僵”。二是泌乳母猪饲养管理欠佳，母猪缺乳或无乳，使仔猪在哺乳期生长发育受阻，造成“奶僵”。三是仔猪多次或反复患病，如营养性贫血、腹泻、肌营养不良、喘气病、体内外寄生虫病，从而形成“病僵”。四是仔猪开食晚，补料差，仔猪料质量低劣，致使仔猪生长发育缓慢，而成为“僵猪”。五是近亲繁殖或乱交滥配所生仔猪生命力差，易形成僵猪。

【临床症状】 生长缓慢，食欲不振，被毛粗乱，体格瘦小。

【中兽医辨证】 以驱虫、健脾益胃、消积导滞为治则。

【预防】 一是加强母猪妊娠期和泌乳期的饲养管理，保证蛋白质、维生素、矿物质等营养和能量的供给，使仔猪在胚胎阶段先天发育良好，生后能吃到充足的乳汁，使之生长迅速，发育良好。二是搞好仔猪的养育和护理，创造适宜的环境条件。三是早开食，适时补料，并保证仔猪料的质量，完善仔猪饲粮，满足仔猪迅速生长发育的营养需要。四是搞好仔猪圈舍的卫生和消毒工作，使圈舍干暖、清洁，空气新鲜。应使仔猪常常随母猪到附近牧地上活动。五是及时驱除仔猪体内外寄生虫，并防止仔猪下痢等疾病的发生。对发病的仔猪，要早发现、早治疗，及时采取有效措施。六是避免近亲繁殖和过早参加配种，以保证和提高其后代的生命力和质量。采取上述综合措施，即能有效地防止僵猪的产生。

【良方施治】

1. 中药疗法

方 1 何首乌、贯众、鸡内金、炒神曲、苍耳子、炒黄豆各 45 克。用法：共研末，分成 15 份，每天早上一次拌料饲喂，连用 2～3 天。用于寄生虫引起的僵猪。

方2 神曲、麦芽、当归、黄芪各60克，山楂、使君子各90克，槟榔45克，党参20克。用法：共研末，混饲，25千克猪3天服完。用于寄生虫引起的僵猪。

方3 碳酸氢钙、苍术各10~20克，食盐5~10克。用法：共研细末，分3次拌于饲料中饲喂，15~25千克的猪每次200克，30千克以上的猪每次300克，每天1次，连用10天，2个月后再服一个疗程。

方4 炒山楂、炒神曲、炒麦芽各30~45克。用法：共研细末，拌料喂服，每天2~3次，连用3~5天。

方5 制首乌、淮山药、鲜萆薢各10克。用法：煎汤一次内服，每天1次，连用10~15天。用于营养不良性僵猪。

方6 绵马贯众3克、制首乌3克、麦芽47克、炒黄豆47克。用法：粉碎，10头仔猪一次拌料喂服，每天1次，连用5天，之后再用上述药100克拌全价料50千克喂服，连用14天。用于寄生虫引起的僵猪。

方7 苍术、侧柏叶各15克。用法：共研细末，一次拌料饲喂，每天1次，连用数天。用于营养不良性僵猪。

方8 雷丸、陈皮、香附、厚朴各30克，山楂120克。用法：共研末，5~8千克的猪，每天用药80克，10~15千克的猪，每天用药120克，20千克以上的猪，每天用药240克，拌料饲喂，3天为一个疗程。

方9 宽腹穴（猪侧卧保定，肋后至膝前之间有3条平行的静脉即是）针刺放血，视猪大小不同放血5~15毫升，3~5天放血1次，连续2~3次。

方10 山楂、陈皮、厚朴、香附各25克，甘草、麦芽、大黄、黄芪、肉桂、党参、茯苓、白术、山药各30克（以上是50千克猪的用量）。用法：水煎，每天1剂，分2次服，连用3剂。

方11 陈皮、枳实、厚朴、大黄、甘草、苍术、碳酸氢钙、神曲各250克，硫酸铜、硫酸镁、碘化钾各5克，氯化钴、硫酸亚铁、氧化锌各2克，亚硒酸钠0.1克，炙马钱子4克。用法：共研末，混匀，每次20克，每天2次，内服，连用10天。

2. 西药疗法

各地条件不同，僵猪形成原因不同，其解僵方法也不同。主要是改善饲养管理，可采取单独喂养、个别照顾的做法，并对症进行治疗。该健胃的健胃，该驱虫的驱虫。然后调整饲粮，增加一些鱼粉、胎衣及小鱼小虾汤等蛋白质饲料，给一些易消化、多汁适口的青饲料。添加一些微量元素添加剂，也可给一些抗菌、抑菌药物，添加时因其商品名称不同，应按说明使用。对缺乳的仔猪要及早寄养，以防形成“奶僵”。必要时，还可以采取饥饿疗法，让僵猪停食24小时，仅供给饮水，以达到清理肠道、促进肠道蠕动、恢复食欲的目的。常给僵猪洗浴、刷拭，晒晒太阳，加强放牧运动，调整饲粮，也会取得一定的效果。

方1　左旋咪唑，按每千克体重10毫克用量，一次内服。用于寄生虫引起的僵猪。

方2　每10千克体重用伊维菌素或阿维菌素注射液2~4毫克；肌苷注射液200毫克，维生素B_{12}注射液1毫克，维生素B_1注射液200毫克，分别肌内注射，7天注射1次，连用2~3次。用于寄生虫引起的僵猪。

第三节　猪中毒病防治

一、猪食盐中毒

猪食盐中毒是由于猪在饮水不足的情况下，过量摄入食盐或采食食盐含量过高的饲料所致的中毒性疾病，临床上主要以消化紊乱和神经症状为主要特征。

【病因】　猪食盐中毒多因食入含盐较多的泡菜水、腌肉水、酱渣、泔水等，以及配料时误加过量食盐、含盐多的劣质鱼粉及混合不均造成。饮水充足与否，对食盐中毒的发生起着决定性作用，如喂给猪含2%~2.5%食盐的饲粮，限制饮水，数日后即发生食盐中毒，而让其自由饮水，不致发生中毒。

【临床症状】

（1）最急性型　一发病就表现为全身衰弱无力而倒地，肌肉颤抖，四肢呈游泳状运动，病猪很快昏迷、死亡。

（2）急性型　早期表现为精神沉郁，食欲减退或废绝，烦渴，结膜潮红，便秘或下痢，皮肤瘙痒等症状。逐渐出现呕吐，兴奋不安，摇头，磨牙，口吐白沫，肌肉痉挛，来回转圈或前冲、后退，不避障碍物，或者以头抵墙不动，听觉和视觉障碍，刺激无反应。中毒继续发展，则出现癫痫样发作，全身肌肉痉挛，每间隔一定时间发作一次，每次发作持续2~3分钟，甚至连续发作。最后四肢瘫痪，卧地不起，一般1~6天死亡。

（3）慢性型 该型又称“水中毒”，主要因长时间缺水造成钠潴留，病猪表现为便秘、口渴、皮肤瘙痒，暴饮后引起脑组织和全身水肿，出现神经症状。

【中兽医辨证】 治宜滋阴解毒、生津止渴。

【预防】 预防本病应注意不用过咸的废弃品喂猪，日粮含盐量不超过0.5%，平时供给足够的饮水。

【良方施治】

1. 中药疗法

方1 生石膏、天花粉各35克，鲜芦根45克，绿豆50克。用法：煎汤供15千克的猪一次灌服。

方2 甘草30~60克、绿豆120~200克。用法：共煎取汁，候温一次灌服。

方3 茶叶30克、菊花35克。用法：加水1000毫升，煎至500毫升，一次灌服，每天2次，连用3~4天。

方4 生石膏30克、绿豆50克、天花粉30克、甘草45克、茶叶30克、萹蓄20克、瞿麦20克。用法：加水500毫升，煮沸30分钟，去渣取汁，30千克的猪一次服用，每天1剂，连用3~5天。

2. 西药疗法

方1 及时给水，并静脉滴注5%葡萄糖液。在饮水充足的情况下，使用双氢克尿噻（氢氯噻嗪）或醋酸钾，以使体内蓄积的氯化钠离子随粪便排出，还可使用溴化钠、氯丙嗪等镇静、镇痉，心脏衰弱时可注射安钠咖。

方2 20%甘露醇溶液100~250毫升、25%硫酸镁溶液10~25毫升，混合后一次静脉注射，按每千克体重前者5毫升，后者0.5毫升用药。

方3 10%氯化钙10~30毫升静脉滴注。

方4 溴化钙1~2克溶于10~20毫升蒸馏水中，过滤，煮沸消毒灭菌后，耳静脉注射。

二、猪黄曲霉毒素中毒

黄曲霉毒素中毒是由于猪采食了被黄曲霉污染的饲料而引起的一种中毒性疾病，各年龄的猪都可发生，仔猪及妊娠母猪较敏感。临床上以全身出血、消化机能紊乱、腹水及神经症状为主要特征。

【病因】　黄曲霉毒素是黄曲霉菌的代谢产物，以 B1、B2、G1、G2 毒性最强。在温暖潮湿的条件下霉菌大量生长繁殖，如用黄曲霉菌感染的花生、玉米、棉籽、黄豆及这些作物的副产品作为饲料即可发生中毒。黄曲霉毒素在一般加热条件下不易被破坏，因此，对动物造成的危害极大。

【临床症状】

(1) 急性型黄曲霉毒素中毒　该型主要发生于 2~4 月龄的仔猪，体质健壮及食欲旺盛的仔猪更易感。多数病猪在出现症状前死亡，一般在运动中突然死亡。

(2) 亚急型黄曲霉毒素中毒　病猪表现为精神不振，食欲减退或绝食，体温正常或稍有升高，烦渴，粪便干燥，直肠出血。病初可视黏膜苍白，后期黄染；走路摇摆，以头抵物，呆立不动等，常在发病后 2 天内死亡。

(3) 慢性型黄曲霉毒素中毒　该型多发于成年猪和肥育猪，病猪表现为精神沉郁，食欲不振，生长缓慢或停止，消瘦，可视黏膜黄染，皮肤出现紫斑；随病程增长，病猪表现为兴奋不安、痉挛、角弓反张等神经症状，病猪常衰竭死亡。妊娠母猪常流产及产死胎。

【预防】　预防黄曲霉毒素中毒的关键是防止饲料霉变及不喂发霉饲料。饲料应放置于干燥处，避免受潮和雨淋；也可使用化学熏蒸或防霉剂防止发霉。常用的防霉剂为丙酸钠和丙酸钙。

【良方施治】

1. 中药疗法

方 1　防风 15 克、甘草 30 克、绿豆 50 克。用法：水煎取汁，加白糖 60 克，混匀后一次灌服。

方 2　茵陈、栀子、大黄各 20 克。用法：水煎去渣，待凉后加葡糖糖 30~60 克、维生素 C 0.1~0.5 克混合，一次灌服。

方 3　连翘、绿豆各 50 克，金银花 30 克，甘草 20 克。用法：共研末，开水冲调内服。小猪用量酌减。

方 4　大蒜 3 头、石灰水上清液 250 毫升、雄黄 3 克、小苏打（碳酸氢钠）45 克。用法：大蒜捣碎，加石灰水上清液、雄黄、鸡蛋清 5 个、小苏打（碳酸氢钠），分两次灌服。

2. 西药疗法

治疗无特效解毒药。发现病猪后立即停喂发霉饲料，换喂富含碳水化合物的新鲜青饲料和富含高蛋白质饲料的优质饲料，避免饲喂脂肪过多的饲料。同时进行对症治疗。急性中毒，用0.1%高锰酸钾液、温生理盐水或2%碳酸氢钠溶液进行灌肠、洗胃，内服硫酸钠、人工盐等泻剂，加速胃肠道内毒物的排出。同时，静脉注射25%~50%葡萄糖液、维生素C、葡萄糖酸钙或10%氯化钙注射液。保肝止血。为防治继发感染，可用抗生素制剂，切忌使用磺胺类药物。

三、猪亚硝酸盐中毒

猪亚硝酸盐中毒是猪摄入富含硝酸盐、亚硝酸盐过多的饲料或饮水，引起高铁血红蛋白症，导致组织缺氧的一种急性、亚急性中毒性疾病。临床上突出表现为皮肤、黏膜呈蓝紫色，血液呈酱油色，以及其他缺氧症状。

【病因】 本病在猪中较多见，常于猪吃饱后15分钟到数小时发病，故俗称“饱潲病”或“饱食瘟”。猪常食的青饲料，如白菜、萝卜叶、菠菜、牛皮菜、包心菜和一些野菜、瓜藤等含较多的硝酸盐，特别是过多施用氮肥的植物，其含量更高。这些饲料如果蒸煮不透，用小火加盖焖煮而不搅拌，不揭锅盖长时间放置，或者将饲料堆放，特别是经雨水淋湿者，极易发酵产热，这些因素为硝化细菌提供了有利的生长繁殖条件，使上述饲料中产生大量的亚硝酸盐。在少数情况下，猪误饮施氮肥过多的田水或割草沤肥的坑水也会引起中毒。

【临床症状】 猪常在吃饱后15分钟到数小时突然发病。同群同饲的猪同时或相继发生。严重者不出现任何症状，突然倒地死亡。急性型病猪表现为不安，呼吸困难，站立不稳，四肢无力，呕吐，口吐白沫，皮肤、耳尖、口鼻周围先苍白后发绀（蓝紫色），穿刺耳静脉或断尾流出酱油状血液。体温正常或偏低，四肢和耳尖冰凉，脉细数。病猪多在1~2小时死亡。剖检可见血液呈酱油状、紫黑色而凝固不良。

【中兽医辨证】 治宜解毒泻下。

【预防】 改善饲养管理，青饲料宜生喂，堆积发热腐烂时不要饲喂。饲料不宜堆放或蒸煮，需要烧煮时，应迅速煮熟，揭开锅盖且不断搅拌，勿闷于锅里过夜。烧煮饲料时可加入适量醋，以杀菌和分解亚硝酸盐。接近收割的青饲料不应施用硝酸盐化肥。

【良方施治】

1. 中药疗法

方1 绿豆粉250克、甘草末100克。用法：开水冲调后加菜油200

毫升，一次灌服。

方2 十滴水5～15毫升。用法：先给病猪断尾或尾尖、耳尖针刺放血，然后按小猪5～10毫升，大猪15毫升一次灌服。

方3 针灸。穴位：耳尖、尾尖、蹄头。针法：放血。

2. 西药疗法

方1 1%的亚甲蓝（美蓝）注射液，按每千克体重1毫升用量，静脉注射；10%葡萄糖注射液300毫升+5%维生素C注射液2～4毫升+10%安钠咖注射液5～10毫升，混合后一次静脉注射。

方2 甲苯胺蓝注射液，按每千克体重5毫克用量，静脉注射；10%葡萄糖注射液300毫升+5%维生素C注射液2～4毫升+10%安钠咖注射液5～10毫升，混合后一次静脉注射。

四、猪有机磷中毒

猪有机磷中毒是因猪接触或误食有机磷农药，或者用有机磷制剂驱除体内、外寄生虫不当而引起的中毒病。临床以大量流涎、流泪、呼吸快速、肌肉震颤为特征。

【病因】 有机磷农药是我国广泛使用的一类杀虫、驱虫剂，常用的有敌百虫、敌敌畏、蝇毒磷、林丹、乐果等。用有机磷农药治疗猪体内、外寄生虫病，或者喂给喷洒有机磷农药的饲料、蔬菜，或者饮用有机磷农药污染的水，均能引起猪中毒。

【临床症状】 在有机磷农药进入机体后数小时内突然发病，呈急性经过。通常病猪频频呕吐，流涎，腹泻，呼吸快。呕吐物和排泄物呈大蒜臭味。中度中毒者发生肌纤维痉挛和颤动。痉挛一般从眼睑、颜面部肌肉开始，很快扩延至颈部、躯干部和全身肌肉，轻则震颤，重者抽搐。若呼吸肌麻痹，则导致窒息死亡。重症猪兴奋不安，盲目奔跑，继之高度沉郁，甚至倒地昏睡，抽搐，发热，大小便失禁，全身震颤，心跳加快，口吐白沫，瞳孔缩小呈线状，呼吸困难，后肢麻痹，不能行动，最后多因呼吸中枢麻痹或心力衰竭而死亡。

【预防】 保管好有机磷制剂，防止污染饲料和饮水；喷洒过有机磷农药的青绿饲料在6周内不要用来喂猪，或者用清水反复泡洗后再用；用敌百虫驱虫时应严格掌握用量。

【良方施治】

1. 中药疗法

方1 绿豆（去壳）250克、甘草50克、滑石50克。用法：共研细末，开水冲调，候温，1次灌服。

方2 仙人掌40～80克。用法：捣碎加水，一次灌服。

方3 绿豆（去壳）120克，茶叶60克，芒硝30～50克。用法：共研细末，开水冲调，候温，每天每头分2次灌服。

2. 西药疗法

方1 用微温水或凉水、淡中性肥皂水清洗局部和全身皮肤。若已知是敌百虫、二嗪磷等中毒，可用1%醋酸或食醋灌胃。

方2 解磷定，按每千克体重20～40毫克用量，溶于生理盐水或葡萄糖液内静脉滴注，严重病例可适当加大剂量（解磷定在碱性溶液中易水解成剧毒氰化物，故禁与碳酸钠等碱性药物配伍）。

方3 0.1%硫酸阿托品注射液0.2～0.4毫升。首次静脉注射，经0.5小时后不显“阿托品”化征候时，应重复用药，给药途径可改为皮下或肌内注射，直至出现“阿托品”化征候，即减少用药次数或剂量。当症状不再出现反复，经观察10小时左右病情仍无恶化者，方可考虑停药。

发现病猪，首先停止接触疑为有机磷污染的食物或饮水，让其迅速脱离污染环境。用阿托品和碘解磷定配合使用效果明显。

第四节　猪外科与皮肤病防治

一、猪创伤

创伤是指猪的皮肤或黏膜等软组织受各种机械性外力作用而发生的开放性损伤。临床上以出现开放性创口、出血、疼痛、机能障碍为主要特征。

【病因】　由锐性外力或强大的钝性机械性外力所致。多数因不同圈舍的猪并入一圈时相互咬斗、猛跳等外伤引起，或因圈内存在尖锐的金属异物造成刺伤或划伤，或放牧猪只受外人的锐器伤害，或在捕捉及运输过程中因身体与墙壁、铁门、笼具剧烈冲撞而致伤。

【临床症状】 创伤的主要表现为皮肤或黏膜开裂、出血、创口周围肿胀，较重者出现运动障碍，活动减少，精神沉郁，吃食减少。轻度创伤，皮破出血；中度创伤，肌肉破裂，流血较多，甚至流血不止或筋断骨折。创伤初期未化脓者为新鲜创，创伤后被污染化脓者为化脓创。

【中兽医辨证】 治宜活血、化瘀、止痛。

【良方施治】

1. 中药疗法

方1 陈石灰、猪苦胆各适量。用法：把陈石灰去杂质，装入猪苦胆内，经阴干备用。用时撒布新创面出血处，包扎，可止血、消炎。

方2 地榆炭、生蒲黄、白芷等份。用法：共研细末，撒布于新鲜创面。

方3 生大黄20份、冰片1份。用法：分别单研细末，混合备用。用于新创面治疗。

方4 枣树皮（烙焦存性）2份、松香1份。用法：共研细末。熟猪油7份，调成膏药，涂敷新创面。

方5 生半夏适量。用法：研细末，用时敷于新创面。

方6 苍耳子1份、南瓜蒂3份。用法：共同焙干研极细末，创面洗净后撒布创口。用于化脓创的治疗。

2. 西药疗法

治疗创伤的基本原则是止血镇痛，防止感染，清洁创腔和减少疤痕。新鲜创在剪掉创口周围的毛后，创伤面可以用生理盐水、0.05%新洁尔灭、0.1%雷佛诺尔等彻底清洗，清洗过程可以用镊子夹灭菌纱布轻轻拍打或擦拭创伤表面，以清除污物。小创伤可直接涂擦5%甲紫液或碘酒。对于大创伤，由于组织受损较多，出血严重，故先以压迫、钳压或结扎血管等方法止血，并修整创缘，清除创内凝血块及异物，切除挫灭组织，修整疮腔。创伤清洗完毕，应使用75%酒精或0.1%新洁尔灭对创面进行涂抹消毒，对没有大的组织损伤的创口可以进行封闭缝合，一般用结节缝合法。四肢部位的创伤缝合后应包扎绷带保护，每隔1~2天检查一次，每天2~3次注射或口服抗菌药物预防感染。

化脓创首先清除创口周围的毛，用0.2%高锰酸钾溶液、0.01%~0.05%新洁尔灭或3%过氧化氢冲洗创面，同时小心清除坏死组织、脓汁或异物，清洗时注意不要对创面进行强力压迫和摩擦。清洁完毕后，可以在创面撒布抗菌药物，如碘仿磺胺粉等。注意，要切开不利于排脓排液的创囊，使脓汁和疮液顺利流出。创口不缝合，实行开放治疗，每天或隔天处理一次，冬季注意防冻，夏季防蚊虫叮咬，地面多铺干净垫草，限制猪的活动范围，以减少创口感染机会，直至痊愈。全身使用抗菌药物，控制感染发展。对肉芽创的治疗必须注意保护肉芽组织的生长，保护好创面。治疗时对创口周围进行清洗，清洗创面应使用刺激性小的药物，如0.01%雷佛诺尔、0.01%新洁尔灭等，不要挤压或摩擦肉芽表面，冬季可加保温绷带以促进愈合。

二、猪风湿病

风湿病是指一种反复发作的急性或慢性非化脓性炎症，常侵害对称的关节、肌肉、蹄及内脏，使这些部位的胶原结缔组织发生纤维蛋白变性，出现非化脓性的局限性炎症。风湿病具有突然发作，反复出现，并呈转移性疼痛的特征。

【病因】 风湿病的病因至今尚未完全清楚，一般认为是一种变态反应性疾病，并与溶血性链球菌感染有关。风寒、潮湿、阴冷、雨淋、过劳及咽炎、喉炎等则是常见的诱因。

【临床症状】 风湿病的主要表现为发病突然，发病的肌群和关节疼痛，出现机能障碍。疼痛部位多不固定，可游走转移，时轻时重，时有时无，反复发作，并与气候和饲养管理等变化有关。机能变化可随运动时间延长而减轻。

(1) 肌肉风湿（风湿性肌炎） 该型多发生于活动性较大的肩部、颈部、股部和背腰部的肌群。患病肌群肿胀、疼痛，运动不协调，步态强拘不灵活，常发生1~2肢的轻度跛行。特征是随运动量的增加和时间的延长，有减轻或消失的趋势。常有游走性，时而一个肌群好转，另一个肌群又发病。触摸患病肌群时有痉挛性收缩，肌肉僵硬，表面凹凸不平并有硬结。当转为慢性时，肌肉及腱的弹性降低、萎缩、僵硬，常见结节性肿胀，病猪行走困难，常卧地不起。

(2) 关节风湿病（风湿性关节炎） 该型常对称性发生于活动范围大的肩关节、肘关节、髋关节和膝关节等。运动时患肢强拘，出现不同程度跛行。跛行可随运动而逐渐减轻或消失。关节周围组织水肿，关节囊内渗出增多，紧张、膨胀，外形粗大。触诊有温热、疼痛、肿胀之感。转为慢性时，关节肿大、轮廓不清，活动范围变小，运动时关节强拘。严重者关节可发生愈着。

【中兽医辨证】 猪体正气不足或脏腑功能失调，风、寒、湿、热、燥等邪为患，痰浊瘀血留滞，引起经脉气血不通不荣，出现肢体关节疼痛、重着、麻木、肿胀、屈伸不利等，甚则关节变形、肢体痿废或累及脏腑。治宜除病因，祛风湿，解热镇痛，消除炎症。

【预防】 预防猪风湿病主要应保持猪舍清洁、干燥，特别是冬季要保持圈舍温暖，防止冷风吹袭，避免积水、冻冰现象，特别是种猪舍更要注意。

【良方施治】

1. 中药疗法

方1 独活、羌活、木瓜、薏苡仁、牛膝各50克，制川乌、制草乌各40克，甘草20克。用法：制川乌、制草乌加新鲜带肉猪骨500克文火炖4小时，再下余药煎汁，每天分2次灌服，连服5天。

方2 苍术30克、细辛10克、炙甘草20克、藁本30克、白芷20克、羌活20克、川芎20克。用法：上药和姜、葱适量煎汤去渣，候温灌服，连用3~5天。用于风寒痹症。

方3 徐长卿10克、延胡索8克、红花10克、附子8克。用法：煎汤灌服，连用2~5天。用于风寒痹症。

方4 汉防己、威灵仙、独活各20克，秦艽、防风、白芍、当归、茯苓、川芎、桑寄生、桂枝各10克，甘草5克，细辛3克。用法：共研细末，分为2份，每次1份，开水冲调，加黄酒100毫升灌服，每天1次，连用3~5天。

方5 当归9克，独活、桑寄生、秦艽、苍术各6克，甘草3克。用法：水煎去渣，候温，小猪1次灌服或拌料喂服，连用3~5天。四肢痛加羌活6克、桂枝3克；腰痛加杜仲6克；痛无定处，加防风6克、威灵仙3克；痛甚加乳香3克、没药6克。

2. 西药疗法

方1 复方水杨酸钠注射液10~20毫升一次静脉注射，每天1次，连用3~5天。

方2 复方安乃近注射液5~10毫升、2.5%醋酸可的松注射液5~10毫升，分别肌内注射，每天1次，连用2~3次。

三、猪关节扭伤

【病因】 因追赶、捕捉或运输时受强烈外力使关节捻转，引起关节囊及相应的关节侧韧带的不完全断裂或完全断裂。

【临床症状】 忽然发生跛行或用三肢行走，损伤部位发热、变形、疼痛、肿胀、关节活动不灵。病猪喜卧，强迫运动时呈跳跃运动或拖曳患肢前进。

【中兽医辨证】 损伤早、中期外固定后关节仍有肿胀、疼痛为主者，治以活血化瘀、消肿止痛。损伤后期关节持续隐痛，轻度肿胀为主，治以活血壮筋、止痛消肿。

【预防】 捕捉时避免强烈动作，运输时防止跳车。

【良方施治】

1. 中药疗法

方1 伸筋草80克，生姜、川芎各50克，煅自然铜30克，桃仁25克，甜瓜子60克。用法：水煎2次，内服，每天1剂，连用3天。

方2 桃仁、红花、杏仁、栀子等份。用法：共研细末。用白酒或常醋调敷，隔1~2天用药1次。

方3 针灸。穴位：蹄头、缠腕及关节扭伤附近穴位。针法：血针、白针。

方4 乳香、没药各75克，栀子100克，红花25克。用法：加醋适量调匀，包敷患部。

2. 西药疗法

方1 5%~10%碘酊或四三一合剂（10%樟脑酯4份、氨搽剂3份、松节油1份）适量。涂患处，每天1~2次，连用3~5天。

方2 1%盐酸普鲁卡因注射液2~5毫升。在关节周围封闭注射。

四、猪脓肿

猪脓肿是由于局部组织化脓性炎症或其他化脓性病灶转移形成的外有脓肿包膜、内有脓汁潴留的局部性炎症。主要表现为组织溶解液化，形成充满脓液的腔。

【病因】 多因各种局部性损伤，感染各种病原菌（如金黄色葡萄球菌等化脓菌、化脓性链球菌、大肠杆菌等）所引起。某些有刺激性的药物（氯化钙、松节油、水合氯醛等）误注入皮下或肌肉也能引起本病。

【临床症状】　浅在性脓肿常发生在皮下结缔组织和筋膜下，幼猪常发生颌下脓肿。病初局部呈弥漫性肿胀、疼痛和增温；继之形成界限清晰的坚实性病灶，以后逐渐变软，并有波动感；最后脓肿成熟，皮肤变薄，局部被毛脱落，脓肿破溃流出黄白色黏稠的脓汁。

深在性脓肿发生于深层肌肉、肌间、骨膜下、腹膜下及内脏器官。由于脓肿部位深，肿胀不明显。仅见患部皮肤与皮下组织有轻微炎性水肿，触诊时有疼痛反应。急性炎症时，病猪可有精神不振、体温升高等全身症状。由于外力脓肿破溃后，脓汁流到组织间，经血液或淋巴系统转移到其他组织、器官，可引起败血症或转移性脓肿。

【良方施治】

1. 中药疗法

方1　白及、白蔹、大黄、黄柏、栀子、郁金、姜黄等份。用法：研细末，加适量食醋调糊，涂敷患部。

方2　金银花90克，当归、陈皮各25克，防风、白芷、浙贝母、天花粉各20克，乳香、皂角刺各15克，炮山甲3克。用法：共研细末，开水冲调，候温加黄酒250克为引，一次灌服，连用3～5天。

方3　当归、紫草各20克，白芷5克，轻粉4克，血竭4克，甘草12克，白蜡20克，麻油250毫升。用法：先将当归、白芷、甘草放入麻油中浸3天，然后用文火熬枯去渣，再入血竭化尽，候温入白蜡化开，最后加入研细的轻粉，搅拌均匀，冷却成膏，创口先用生理盐水清洗后涂敷创面。

2. 西药疗法

治疗脓肿初期以抗菌消炎、止痛及促进炎性分泌物散吸为主；后期则促进脓肿成熟，及时切开排脓。对硬固性肿胀以0.5%盐酸普鲁卡因溶液20～30毫升、青霉素40万～80万单位在病灶周围封闭。为促进脓肿成熟，可局部涂擦10%鱼石脂软膏或5%碘酊等。当脓肿中央出现明显的波动时应及时切开排脓，并用3%过氧化氢（双氧水）、0.1%高锰酸钾或0.1%雷佛诺尔液彻底清洗脓腔，较大的脓腔需放置浸透菜油的纱布引流。有些脓肿因所处部位不宜切开，可采用抽出法将脓汁抽出。必要时配合肌内注射抗生素和输液等全身疗法。应该强调，脓肿切开后应任其自行排脓，不许用棉纱压挤或擦拭脓腔，防止肉芽受损而致脓肿转移。

五、猪湿疹

猪湿疹是由某些致敏物质作用于表皮细胞而引起的一种皮肤炎症反应。其特点是患部出现红斑、丘疹、水疱、脓疱、糜烂、痂皮及鳞屑等皮肤损害，并伴有热、痛、痒等症状，一般多发于春秋两季。

【病因】 湿疹病因复杂，常为内外因相互作用的结果。外因，如饲养环境、气候变化、饲料等均可影响湿疹的发生。外界刺激，如皮肤受到持续性的摩擦，或者皮肤某部位长期不洁，使皮肤遭受刺激，滥用刺激性过强的药物涂擦皮肤、局部皮肤长时间被脓汁或病理分泌物刺激等均可导致湿疹发生。内因，如慢性消化系统疾病、精神紧张、过度疲劳、内分泌失调、感染、新陈代谢障碍等均可导致湿疹发生。

【临床症状】 湿疹发生初期出现皮肤发红并轻微肿胀，继而发现多数密集的粟粒大小的丘疹、丘疱疹或小水疱，基底潮红，逐渐融合成片，由于瘙痒，丘疹、丘疱疹或水疱顶端被抓破后呈明显的点状渗出及小糜烂面，边缘不清。若继发感染，炎症更明显，可形成脓疱、脓痂、毛囊炎、疖等。自觉剧烈瘙痒。好发于头面、耳后、四肢远端、阴囊、肛周等，多对称发生。急性湿疹炎症减轻后，皮损以小丘疹、结痂和鳞屑为主，仅见少量丘疱疹及糜烂，仍有剧烈瘙痒。

【中兽医辨证】 治宜清热祛风、除湿。

【良方施治】

1. 中药疗法

方1 地肤子、蛇床子、苦参各15克，菊花、黄柏、白术、金银花各10克。用法：煎汁外洗。还可用氧化锌、炉甘石、滑石粉等配成粉剂外扑。破溃时用消毒药清洗、涂抗生素软膏。

方2 金银花、板蓝根各200克。用法：共研细末，每次25克拌料喂母猪，每天2次，连用3天。

方3 苦参、生黄柏、生百部、黄芩、生石膏（先煎）各30克，硫黄80克，冰片（后入）10克，明矾（后入）30克。用法：冰片、明矾待上药煎好后，趁热加入，捣匀，滤渣，候温外涂。

方4 荆芥、防风、鸦胆子、蛇床子、花椒、忍冬花、地肤子、白芷、豨莶草、百部、雄黄、明矾各20～30克。用法：前10味药水煎取汁，用药前化入雄黄、明矾涂擦患部，每天1次，一般涂擦1～3次。

方5　苦杏仁20克、小檗碱（黄连素）1克、苯海拉明300毫克、香油适量。用法：将苦杏仁用文火炒煳，研碎，加小檗碱（黄连素）、苯海拉明，用香油调成软膏备用。患部先用新洁尔灭棉球清洗，擦干，然后均匀涂抹药膏，每天1~2次，重者每天可涂3~4次。

方6　金银花、地丁草、甘草各10克，一枝黄花、野菊花、黄芩、黄柏各15克，玄参30克，土茯苓20克，陈皮12克。用法：煎汁饲喂10头仔猪，每天1剂，连喂3天。

方7　荆芥、防风、牛蒡子各16克，蝉蜕、苦参各15克，生地黄、知母各16克，生石膏35克，木通10克。用法：共研细末，开水冲服，连用3天。用于风热型湿疹。

方8　黄芩、黄柏、苦参、白鲜皮、滑石、车前子各16克，板蓝根10克。用法：共研细末，开水调服。用于湿热型湿疹。

方9　枯矾35克、黄柏30克、海螵蛸20克、黄连15克、黄芩15克、板蓝根15克、甘草15克、冰片10克、生地黄10克、滑石10克、车前子10克。用法：共研细末，开水冲服，每天2次，连用2~3天。

方10　苦参、黄柏、百部、黄芩、生石膏各30克，硫黄20克，冰片（后下），明矾（后下）10克。用法：前6味水煎取汁，趁热加入冰片、明矾，搅匀，过滤去渣，制成500毫升药液，候温涂擦患处，连用2~3天。

方11　吴茱萸200克、乌贼骨15克、硫黄80克。用法：粉碎研细，均匀撒敷患处。或者将上药细粉用蓖麻油或化开的猪油调匀涂抹患处，每天1次，连用3天。

方12　生地榆煎水，洗后冷敷。

方13　甘草煎水，洗后冷敷。

2. 西药疗法

治疗前首先清除致病因素，使局部皮肤清洁、干燥，避免局部受不良刺激。治疗过程中必须保持病部和地面清洁，防止污水或泥土污染患部。

方1　清除局部污物，用温水或有收敛、消毒作用的药物，如0.1%~0.2%高锰酸钾溶液、3%硼酸溶液等清洗，然后涂布3%~5%甲紫、2%硝酸银溶液，或者撒布氧化锌滑石粉（1:1）等。

方2　阿司咪唑（息斯敏）2~4片一次内服；皮炎平软膏1支，涂抹患部。

六、猪挫伤

猪挫伤是机体在钝性物体打击下，碰撞、挤压或跌倒所致的软组织非开放性损伤。挫伤可发生于机体任何组织和器官，但皮肤的完整性均不遭破坏。

【病因】 猪受到冲撞打击、跌倒、踢伤、坠落等因素均可引起挫伤。

【临床症状】 挫伤主要为皮肤出现不同程度的致伤痕，被毛逆乱、脱落，皮肤有擦伤，皮下溢血或出血等。挫灭组织中血管破裂而引起溢血，常见有血斑、血液浸润和血液渗漏，严重时出现血肿。挫伤局部常因出血、炎性渗出和淋巴外渗而肿胀，肿胀呈坚实样，或饱满有弹性，或有波动感，触之有温热感。由于末梢神经受损或因炎性产物的刺激，发生程度不同的疼痛和机能障碍等。

【中兽医辨证】 治宜活血化瘀、消肿止痛。

【良方施治】

1. 中药疗法

方 1 黄栀子（捣烂）1 份、面粉 5 份。用法：水调成面饼敷患处，外予包扎。

方 2 生栀子、生大黄各半。用法：研末，用适量面粉和醋调敷患处。

方 3 一般挫伤，最初（24 小时以内）局部可以冷敷，待急性期过后改为热敷，并涂擦正骨水。

2. 西药疗法

治疗挫伤的基本原则是制止溢血，镇痛消炎，促进溢血吸收，防止感染，加快组织修复。

方 1 10% 樟脑酯，局部涂擦。

方 2 5% 鱼石脂软膏，局部涂擦。

方 3 四三一合剂，局部涂擦。

七、猪烫火伤

猪烫火伤泛指高温所引起的灼伤。其中，高温液体或蒸汽所伤的称烫伤；被火焰或火器所伤的称火伤，也叫烧伤。

【病因】 由受沸水、火焰、金属熔化物及化学药品灼伤引起。

【临床症状】 轻症局部肿痛，重者形成水疱或皮肉焦枯坏死。

【中兽医辨证】 猪烫火伤系由火热之毒侵袭机体，而致局部肌肤红肿热痛，严重的则肉腐成脓之症。治宜清热解毒止痛。

【良方施治】

1. 中药疗法

方1 地榆500克、冰片15克。用法：共研细末，麻油调匀。先用生理盐水适量冲洗创面，将药物适量搽患部，每天3次。

方2 金银花适量，黄柏、栀子各50克，花椒20克，虎杖150克。用法：先用金银花煎水冲洗患部，剩余的药研极细末，混入沸过的菜油300毫升中搅匀后涂抹患处，每天3次。

方3 大黄、地榆各1000克，黄连500克，冰片100克。用法：共研细末，用植物油1000毫升调匀，敷于患部，每天2次，连用7天。

方4 大黄、地榆炭、五倍子、赤石脂、炉甘石（水飞）各250克，冰片25克，麻油2500克，蜂蜡250~300克。用法：先将蜂蜡放入麻油内，加热熔化至沸腾，候温至50~60℃，再将剩余的药研细末加入，搅拌均匀即成。用以涂布创面，隔天1次。

方5 紫草、当归、白芷、忍冬藤各50克，白蜡35克，冰片10克，麻油500克。用法：将麻油加热至130℃左右，加忍冬藤、当归、紫草和白芷，炸至白芷变焦黄，去渣，放入白蜡熔化，候温加入研细的冰片，搅匀即成。用以涂布创面，每天1次。

方6 当归30克、紫草6克、大黄粉4.5克、香油500克、黄蜡120克。用法：以香油浸泡当归、紫草3天后，用微火熬至焦黄，离火将油滤净去渣，再入黄蜡加火熔匀，待冷后加大黄粉（每500克油膏加大黄粉4.5克），搅匀成膏。外敷患处。

方7 白及粉30克、煅石膏粉30克、凡士林240克。用法：上药调匀成膏，外敷患处。

方8 取鸡蛋白若干，麻油适量，和匀，调涂烧伤处。

2. 西药疗法

方1 止痛：盐酸氯丙嗪，按每千克体重1~3毫克用量，一次肌内注射。或者盐酸吗啡，按每千克体重0.1毫克用量，一次皮下注射。

方2 5%鞣酸溶液，创面涂布。

方3 3%甲紫溶液，创面涂布。

方4 5%~10%高锰酸钾溶液，创面涂布。

八、猪红皮病

【病因】 猪红皮病是由蚊、蝇传播的猪体红细胞体侵袭猪体血液内而引起的一种疾病。其流行有明显的季节性，多在夏至至立秋前后，5~6月高温，蚊、蝇大量增殖期突然发病。

【临床症状】 病猪全身皮肤发红，体温高达40~41℃，呼吸加快，卧地不起，不食。

【中兽医辨证】 治宜清热凉血，解毒透邪。

【良方施治】

1. 中药疗法

方1 金银花、野菊花、连翘各15克，石膏30克，柴胡、牛蒡子各10克，陈皮、甘草各6克。用法：煎汤去渣，一次灌服。

方2 鸡蛋清大椎穴注射，不论猪的大小，每头猪1枚（蛋清）鸡蛋。针刺耳尖、尾根。0.2%氢化可的松，100千克以上的猪用20~30毫升，100千克以下的猪用10~20毫升，静脉注射。

2. 西药疗法

方1 青霉素钠100万国际单位，一次肌内注射，每天2次，连用3~5天。

方2 25%维生素C注射液8~10毫升，一次肌内注射，每天2次，连用3~5天。

方3 银黄注射液或三黄注射液10~15毫升，一次肌内注射，每天2次，连用3~5天。

第五节　猪常见产科病防治

一、母猪流产

母猪流产是指母猪未到预产时间产出胎儿，并且胎儿无生活能力。若胎儿有生活能力则称为早产。流产可发生于妊娠的任何阶段，但多发于妊娠早期。

【病因】　流产的原因很多，也很复杂，大致可分传染性和非传染性两类。非传染性流产的病因非常复杂，包括遗传、营养、应激、内分泌失调、创伤、母体疾病、饲养管理等。已孕母猪受到撞击、滑倒、咬架等外部机械性作用时易发生流产，在精神上突然受到惊恐、冲动，以及对膘情不好的猪给予寒冷刺激都能引起流产。饲喂冰冻的饲料、腐败变质的饲料、酒糟类的酸酵性饲料、黑斑病的甘薯和含有龙葵素的马铃薯，均可造成流产。饲喂麦角、毒扁豆碱、胆碱药、麻醉药及利尿药，发生便秘，内服大量泻药时，以及长距离运输等都可引发流产。传染性流产是由病原微生物和寄生虫感染所引起，如细小病毒、布氏杆菌病、衣原体病、钩端螺旋体、弓形虫、伪狂犬病、繁殖与呼吸综合征等均可发生流产。

【临床症状】　多数病例常常突然发生，特别是在妊娠初期，流产一般没有特殊症状。有些在流产前几天有精神倦怠、腹痛起卧、阴门流出羊水、努责等症状。在妊娠初期胎儿发生损伤时，可能发生隐性流产，即胎儿被吸收而不排出体外。在妊娠后期，胎儿发生损伤时，因受损伤程度不同，多数胎儿受损伤后因胎膜出血、剥离，于数小时至数天排出。

【中兽医辨证】　治宜补气养血安胎。

【预防】　为预防流产，应对妊娠母猪精心管理，特别是妊娠后期的母猪，最好单圈饲养，避免各种机械性碰撞，防止急追猛赶，猪舍的上下坡不能太陡，保持猪舍清洁、温暖、干燥。母猪饲料营养要全面，维持母猪膘情，保证胎儿能获得生长发育所必需的一切营养，不要喂霉烂变质及刺激性大的饲料，应尽量喂些豆科青粗饲料及豆饼、玉米、胡萝卜等优质饲料，喂酒糟不能过多，用少量与其他饲料搭配喂，棉籽饼及菜籽饼要经脱毒处理后喂给；禁止饲喂马铃薯芽、蓖麻叶和含有农药或有毒的饲料，以及酸性过大的青贮饲料、粉浆和粉渣等。认真做好乙型脑炎、细小病毒和流行性感冒等疫病的预防，发现疾病及时治疗。投药时，要防止误投药物或用药剂量过大，造成不良后果。

【良方施治】

1. 中药疗法

方1　当归、白术、黄芪、茯苓、白芍、艾叶、川厚朴、枳壳各20克。用法：加水煎汁，连渣拌入少量饲料，让母猪空腹取食，每天1剂，连服2天，可预防流产。

方2　川芎、甘草、白术、当归、人参、砂仁、熟地各9克，陈皮、紫苏叶、黄芩各3克，白芍、阿胶各2克。用法：共研细末，每次取45

克药末，加生姜5片，水200毫升，共同煎沸，候温灌服。效果不明显时，可适当加大剂量。用于胎动不安的母猪。

方3 熟地、杭白芍、当归、川芎、焦白术、阿胶、陈皮、党参、茯苓、炙甘草各30克，大枣60克。用法：水煎取汁灌服。用于母猪体质虚弱且有流产前兆者。

方4 川芎、当归、桃仁、益母草各60克，龟板、血竭、红花、甘草各30克。用法：水煎取汁，候温灌服。促进早发情、早配种。用于流产后母猪的药物调理。

方5 当归、艾叶各30克，黄芩、芍药各15克，川芎、白术各10克。用法：水煎取汁，加白酒6毫升灌服，用于母猪先兆性流产。

方6 党参、黄芩、杜仲、白芍各15克，菟丝子12克，桑寄生、木香、甘草各10克。用法：煎汁去渣，候温灌服。用于胎动不安。

方7 当归、川芎、黄芪、杜仲各20克，白芍、熟地各25克，葡萄藤50克，陈艾1把。用法：水煎内服。用于产前安胎。

方8 苏叶10克，白术、黄芩、续断各15克。用法：水煎为30%的药液，内服。体虚者加黄芪、党参；血热胎动加白芍；肾虚或腰部损伤加杜仲；阴道流血加阿胶。用于安胎。

方9 白术、当归、川芎、荆芥、厚朴各30克，羌活、菟丝子、艾叶各32克，黄芪35克，枳壳28克，甘草20克。用法：打碎呈粉拌料，每天1剂，连用2~3天。用于胎动不安。

方10 苏叶、艾叶、白术、黄芩、续断各15克。用法：水煎为30%浓度药汁，一次内服。用于安胎。

方11 当归50克、黄芩25克、芍药25克、川芎15克、艾叶50克、白术15克。用法：煎水，加酒100毫升灌服。

方12 党参60克、黄芪30克、白术30克、当归20克、白芍18克、熟地25克、续断25克、桑寄生25克、阿胶30克、杜仲25克、菟丝子30克、补骨脂30克。用法：研细末，开水冲调，候温灌服。

方13 益母草1~1.5千克（鲜品加倍）。用法：煎汁，加红糖0.5~1千克，分2次灌服。

2. 西药疗法

方1 黄体酮15~25毫克，肌内注射，每天或隔天1次，连用数次。

方2 盐酸氯丙嗪注射液，按每千克体重0.5~1毫克用量，以1%葡萄糖注射液稀释成0.5%的药液，静脉注射。用于先兆性流产。

流产母猪出现全身症状时，应对症治疗。对传染性流产，要特别注意隔离和消毒，针对不同病原实施治疗，如弯杆菌病用链霉素，滴虫病用吖啶黄或二硝基咪唑。

二、母猪难产

妊娠期满，胎儿发育成熟，母体不能将胎儿、胎衣从产道顺利地排出体外，统称为难产。

【病因】　难产的原因大致可分为娩出力弱、产道狭窄和胎儿异常3类。娩出力弱主要是由于母猪瘦弱或过肥、运动不足、饲料品质不良等，以及胎儿过多、子宫过度扩张使子宫收缩力减弱。此外，不适时地给予子宫收缩剂，也可引起娩出力异常。由于胎位不正和产道堵塞，使分娩时间延长致使子宫和母体衰竭也会引起子宫收缩无力。产道狭窄多为骨盆狭窄，主要是由于母猪发育不良或母猪配种过早，骨盆未发育完善所造成。胎儿异常主要是胎儿活力不足、畸形、过大、胎位不正等均可造成难产。胎儿过大，多因母猪发情期配种时间过早或过晚，使母猪怀胎少而过大，或者以小型母猪用大型公猪配种，胎儿发育大。胎位不正一般在猪中很少发生。

【临床症状】　母猪的预产期已过，但未见努责反应；或者虽有努责，但不见胎儿产出；或者先前产出一头或几头猪后就停止分娩。母猪烦躁不安，时起时卧，时间久后母猪表现衰竭。

【预防】　预防本病需合理饲养妊娠母猪，及时治疗原发病，增加运动，避免过肥，防止早配，并消除遗传因素的影响。

【良方施治】

1. 中药疗法

方1　当归、益母草各15克，川芎、桃仁各10克，炮姜6克。用法：水煎去渣，分3次灌服。用于胎位正常、子宫颈开张、产道正常猪的难产初期。

方2　车前子、红花、生地黄、牛膝各20克，龟板15克，白芍10克。用法：黄酒200毫升为引，水煎一次灌服。

方3　牛膝40克、红花20克。用法：煎水1500克喂服。

方4 车前子20克、红花20克、龟板15克、生地黄20克、当归20克、木通20克。用法：黄酒200克为引，煎水灌服。

2. 西药疗法

当难产发生时，应立即仔细检查产道、胎儿及母猪全身状态，弄清难产的原因及性质，根据原因和性质采取相应的措施。分娩力弱引起的难产，当子宫颈未充分开张，胎囊未破时，应稍待。此时应隔着腹壁按摩子宫，以促进子宫肌收缩。如果子宫颈已开张，并且胎儿及产道均正常，可皮下或肌内注射垂体后叶素或催产素注射液10～20单位。当无法拉出胎儿，并且药物催产无效时，可行剖腹产手术。子宫颈已开张时，可向产道注入温肥皂水或油类润滑剂，然后将手伸入产道抓住胎儿头部或两后肢慢慢拉出。在接出两三个胎儿后，如果手触摸不到其余胎儿，可等待20分钟，将母猪前躯抬高，以利于拉出胎儿。骨盆狭窄造成的难产，可用手术助产，可按分娩力弱的助产手术进行，即抓住胎头或上颌及前肢，倒生时抓住两后肢，慢慢拉出胎儿。当无拉出可能或强拉而损伤产道时，应进行剖腹产手术。胎儿过大的难产，可用手术助产，术式同前两种难产，可用少量催产素作为辅助。

母猪子宫颈未开张、骨盆狭窄及产道有阻碍时，不能注射催产素。

三、母猪产后截瘫

产后瘫痪是母猪分娩前后突然发生的一种严重代谢疾病，以四肢运动能力丧失或减弱、轻瘫为特征。本病遍布世界各国，多为散发。

【病因】 一般认为，分娩前后母猪血钙浓度剧烈降低是导致本病的直接原因。引起血钙降低的原因可能是下列几种因素共同作用的结果：妊娠日粮中钙、磷和维生素D不足及比例不当，母猪产后从乳汁中要排出大量的钙和磷，若从饲粮中得不到足够的钙、磷作为补充，母猪出现负钙、负磷，骨组织大量脱钙、脱磷，骨质变疏松，四肢发软，可出现后躯瘫痪，甚至骨折。产后母猪、泌乳量高的母猪发病比例大，泌乳高峰期发病率较高。

【临床症状】 母猪产后瘫痪见于产后2～5天。主要症状为食欲减退或废绝，病初粪便干硬而少，以后则停止排粪、排尿。体温正常或略有升高；精神极度萎靡，呈昏睡状态，长期卧地不能站立。仔猪吃乳时，乳汁很少或无乳，有时母猪伏卧时对周围事物全无反应，也不知让小猪吃乳，轻症者虽能站立，但行走时后躯摇摆极度困难。病期较长时逐渐消瘦，最后死亡。

【中兽医辨证】 治宜活血祛风，散寒除湿。

【预防】 预防本病主要是合理配制母猪饲料，一定要喂给营养全价的饲料。每天加喂骨粉、蛋壳粉、贝壳粉、碳酸钙、鱼粉和食盐等。冬季注意保持母猪圈的干燥，妊娠母猪要加强运动。

【良方施治】

1. 中药疗法

方1 苍术6份、威灵仙1份、骨粉3份。用法：共研细末，每天取100~200克分2次拌料喂服，直至痊愈。

方2 龙骨400克，当归、熟地各50克，红花15克，麦芽400克。用法：煎汤，每天分2次内服，连用3天。

方3 党参120克、龙骨180克、牡蛎粉150克、骨粉500克。用法：研末，每天400克拌料饲喂，连用2~3天。

方4 党参、防风、木瓜、黄芪、牛膝、桑枝各15克，香附10克，当归、川芎、杜仲各12克，山羊的下脚节2个。用法：水煎浓汁，米酒为引，混饲内服，每天1剂，连用3天。

方5 黄芪、白术、党参、防风、羌活、白芍、熟地、甘草、生姜各10克，当归18克，附子6克，川芎8克。用法：水煎灌服，每天1剂，连用3天。同时用火针刺百会穴（进针3~5厘米，留针10分钟）。

方6 黄芪40克、党参50克、升麻30克、白术20克、当归40克、牡丹皮20克、防己15克、川芎40克、甘草20克。用法：水煎灌服，每天1剂，连用2~3天。血瘀，加红花30克、川芎30克；风湿加独活20克、羌活20克。

方7 牡蛎粉、食盐各30克，青石3克，骨头100克。用法：共研细末调匀，加白酒125毫升，分2次灌服，每天1次，连用2~3天。

方8 牡蛎30克、蛋壳25克、骨粉20克、食盐10克。用法：共研细末，拌料喂服，每次30克，连用3天。

方9 炒白术、当归各30克，川芎、焦艾叶、木香、甘草各10克，白芍、阿胶各20克，党参、炙黄芪各25克，陈皮15克，紫苏叶12克。

用法：黄酒 90 毫升为引，煎汤内服，连用 3 天。

2. 西药疗法

方 1 静脉注射 10% 葡萄糖酸钙液 50～100 毫升，或氯化钙溶液 20～50 毫升。

方 2 肌内注射维丁胶性钙溶液 2～4 毫升，每天或隔天 1 次，连用 10～15 天。

方 3 若患有严重的低磷酸盐血症，必须用磷剂治疗，20% 磷酸二氢钠注射液 100～150 毫升，缓慢静脉注射，每天 1 次，连用 3 天。同时用 5% 葡萄糖盐水注射液 250 毫升混合，静脉注射，效果更好。

提示 为防止母猪长期卧地发生褥疮，增垫柔软的褥草，经常翻动病猪，并用草把或粗布摩擦病猪皮肤以促进血液循环和神经机能恢复。

四、母猪缺乳

母猪缺乳是一种病因较为复杂的产科疾病。该病导致母猪产后少乳和无乳，造成仔猪饥饿、衰竭和抵抗力下降，给养猪生产造成较大的经济损失。

【病因】 排除先天性的乳腺发育缺陷因素，母猪产后无乳的病因主要有：①临产母猪便秘、缺乏运动或乳腺先天发育不良等，造成母猪无乳。②饲养管理不当，后备母猪早配，体质瘦弱，母猪过肥、过瘦或胎龄较高，造成激素分泌机能紊乱；天气太热，母猪饲料劣质、发霉；经常变更配方或突然变换饲料等因素引起应激反应导致母猪无乳。③猪饲养环境条件差，在进行配种、人工授精、人工助产等工作时操作不当，或者因产后胎衣及胎衣碎片不能及时排出，感染细菌（如大肠杆菌和克雷伯菌）而使子宫、乳房发生炎症。④母猪低血钙及维生素 E 和硒缺乏等原因。

【临床症状】 母猪缺乳通常发生在分娩后 3 天之内，一般在分娩前 12 小时到分娩结束这段时间还有乳，但在产后 1～3 天泌乳量减少或完全无乳。母猪可出现便秘、食欲下降、体温升高等症状。新生仔猪围绕母猪尖叫，母猪表情淡漠，不愿哺乳。随后仔猪出现孱弱、脱水甚至死亡。有些母猪有乳腺炎症状或恶露，也可能没有其他明显症状。仔猪因饥饿饮用地面污水和尿液，可能引起腹泻。孱弱的幼仔可能被母猪压死。

【中兽医辨证】 治宜补气生血、通乳。

【预防】 由于导致泌乳失败的因素多和应激有关，所以，应采取降低围产期应激水平的措施。首先要控制母猪舍的噪声；其次控制母猪舍的湿度，使母猪保持安静；再次要尽量保持产仔舍和母猪舍的差异，产前及早转圈。另外，在妊娠期间要控制母猪不要过肥，适当增加粗饲料，可在产前1周逐渐增加麸皮含量，最多可加到饲粮的一半。产房经常消毒，产后开始哺乳之前仔细消毒乳房。顽固的无乳母猪可淘汰。

【良方施治】

1. 中药疗法

方1　黄芪50克，天花粉40克，王不留行30克，通草15克，党参、当归各20克。用法：煎汤内服或拌料喂服，每天1剂，连用3剂。同时垂体后叶素20单位，每天1次肌内注射，连用2~3天。

方2　王不留行10克，木通、通草各9克，老母鸡或猪蹄500克。用法：水煎至肉烂，一次喂服，每天1剂，连用3剂。

方3　王不留行25克，白芍、通草、当归、党参、黄芪各15克，穿山甲、白术、陈皮各10克。用法：煎煮后加少量米酒灌服，每天1剂，连用3天。

方4　当归35克、川芎18克、熟地25克、瞿麦35克、天花粉35克、通草35克、穿山甲35克、王不留行35克、路路通35克。用法：研末，开水冲服，或者放入饲料中喂服，每天1剂，连用2~3天。

方5　当归12克、黄芪30克、王不留行60克、通草10克。用法：研末，混于饲料中喂给，每天1剂，连用2~3天。

方6　黄芪、党参、当归、白芍、天花粉各20克，王不留行40克，通草15克，皂角刺15克，白术15克。用法：共研细末，拌料喂服，每天1剂，连用2~3天。

方7　黄芪18克、当归10克、白芷6克、通草10克。用法：研末，拌料喂服，每天1剂，连用2~3天。

方8　当归、川芎、党参、通草各30克，木通、黄芩各25克，生地黄、白芍、白术、蒲公英各20克，萱草50克，王不留行40克，甘草10克。用法：水煎，加黄酒500毫升为引，灌服，每天1次，连用3剂。

方9　蒲公英20克、王不留行18克。用法：共研细末，黄酒、红糖为引，开水冲服，每天1剂，连用1~3天。

方10　通草16克、党参10克、白术15克、白芍10克、黄芪15克、当归15克、穿山甲13克、王不留行13克。用法：共研细末，拌料喂服。

2. 西药疗法

首先应改善饲养管理，给予全价营养且易消化的饲料，增加青饲料和多汁饲料。经常按摩乳房，可温敷或用导管探通。

方1 每天肌内注射催产素4~6次，注射前6小时隔离仔猪，注射10~15分钟后令仔猪吮乳。

方2 人用催乳灵10片，每天1次，连服3~5天。

提示

治疗母猪泌乳不足与缺乳时，应尽快使母猪恢复泌乳和寻找代哺乳办法，防止和尽量减少仔猪因饥饿而引起的死亡。

五、母猪子宫内膜炎

母猪子宫内膜炎通常是子宫黏膜的黏液性或化脓性炎症，为母猪常见的一种生殖器官疾病。子宫内膜炎发生后，往往发情不正常，或者发情虽正常，但不易受孕，即使妊娠，也易发生流产。临床上以不发情、阴道流出大量的分泌物为特征。

【病因】 本病主要是由于配种、人工授精及阴道检查等操作时消毒不严，以及难产、胎衣不下、子宫脱出、产道损伤之后造成细菌侵入，引起子宫感染导致内膜发炎。子宫内膜炎常见的细菌有葡萄球菌、链球菌和大肠杆菌等。母猪运动不足、缺乏维生素和微量元素，或者母猪过度瘦弱，抵抗力下降时，其生殖道内非致病菌也能致病。此外，某些传染病，如布氏杆菌病、副伤寒等也常并发子宫内膜炎。

【临床症状】

（1）急性子宫内膜炎 该型多发生于产后几天或流产后，全身症状明显。母猪产后不吃食，精神沉郁，体温升高，鼻盘干燥，时常努责。阴道流出的分泌物呈灰红色或黄白色脓性，具有腥臭味，常黏附在尾根及阴门外，病猪做排尿动作。如果治疗不及时，可形成败血症和脓毒血症或转为慢性子宫内膜炎。

（2）慢性子宫内膜炎 一般由急性子宫内膜炎转变而来，病猪全身症状不明显，临床症状也不明显。在病猪尾根阴门周围附近有结痂或黏稠分泌物，其颜色为浅灰白色、黄色、暗灰色等，站立时不见黏液流出，卧地时流出量多，吃料不长膘，逐渐消瘦。病猪不发情或发情不正常，不易受胎等。有的未表现临床症状，其他检查均未发现变化，仅屡配不孕，发情时从阴道流出大量不透明液体，子宫冲洗物静置后有沉淀物。病期更长的病猪，表现弓背、努责、体温微升高、逐渐消瘦。

【中兽医辨证】 治宜清热解毒、活血化瘀、抗菌消炎、祛腐生肌和排脓。

【预防】 预防本病需注意保持产房干燥、清洁卫生，发生难产后助产时应小心谨慎。取完胎儿、胎衣，应用弱消毒溶液洗涤产道，并注入抗菌药物。对子宫和阴道等各项检查操作要严格遵守消毒规程。

【良方施治】

1. 中药疗法

方1 白头翁、延胡索、黄柏各15克，地骨皮20克。用法：水煎去渣，一次灌服，连用3~5天。

方2 益母草、野菊花各15克，白扁豆、蒲公英、白鸡冠花、玉米须各10克。用法：加水煎汁，加红糖200克，一次灌服，连用3~5天。

2. 西药疗法

子宫内膜炎的治疗，一般采用先清除子宫内炎性分泌物，再将药物注入子宫内的方法。急性子宫内膜炎的治疗原则是局部治疗加全身疗法。在炎症急性期首先应清除积留在子宫内的炎性分泌物，选择0.02%新洁尔灭溶液、0.1%高锰酸钾等冲洗子宫。冲洗后必须将残存的溶液排出，最后，可向子宫内注入20万~40万国际单位青霉素。

对慢性子宫内膜炎的病猪，可用青霉素20万~40万国际单位、链霉素100万国际单位，混于20毫升高压消毒的植物油内，向子宫内注入。为了促使子宫蠕动加强，有利于子宫腔内炎性分泌物的排出，也可使用子宫收缩剂，如缩宫素。

注意 向子宫内投药或注冲洗药应在产后若干天内或在发情时进行，因为只有这些时期，子宫颈才开张，便于投药。若病猪有全身症状，则禁止使用冲洗法。

在子宫内有积液时，可注射雌二醇2~4毫克，4~6小时后注射催产素10~20单位，促进炎性分泌物排出。配合应用抗生素，可收到较好效果。

进行子宫内膜炎的全身疗法时，在大型猪场每季度取分泌物做药敏试验，选择最敏感的药物。

六、母猪子宫脱出

子宫全部或部分翻出于阴门之外，称为子宫脱出。

【病因】 病因不完全清楚，但现在已知主要与产后强烈努责、外力牵引及子宫弛缓有关。临床上也常发现，许多子宫脱出病例都同时伴有低钙血症，而低钙则是造成子宫弛缓的主要因素。当然，能造成子宫弛缓的因素还有很多，如母猪衰老、经产，营养不良（如单纯喂以麸皮及钙盐缺乏等），运动不足，胎儿过大、过多等。

【临床症状】 母猪脱出的子宫角很像两条肠管，但较粗大，并且黏膜表面似平绒，出血很多，颜色紫红，因其有横皱襞很容易和肠管的浆膜区别开来。母猪子宫脱出后症状特别严重，卧地不起，反应极为迟钝，很快出现虚脱症状。

【中兽医辨证】 治宜补中益气，升阳举陷，补肾固脱。

【预防】 加强饲养管理，喂给全价饲料和适当运动，预防和治疗增加腹压的各种疾病。

【良方施治】

1. 中药疗法

方1 党参、黄芪、白术、升麻各30克，柴胡、当归、陈皮各20克，甘草15克。用法：水煎或研末开水冲调，一次灌服，每天1剂，连用2～3天。整复、固定后内服。

方2 针灸。穴位：阴俞、阴脱。针法：接通电针机电针治疗15～20分钟，每天或隔天1次，连续3～5天。

方3 蒲黄20克、香附15克、当归20克、红花18克、秦艽20克、乌药15克、益母草30克、川芎10克、羌活10克。用法：煎水喂服。

方4 白矾50克、五倍子50克、苦参50克、荆芥30克、防风15克、花椒15克、陈艾100克。用法：煎水洗患部，使子宫收敛而软和，外用香油涂子宫，用消毒过的手送入复原，再将阴户缝合几针。

2. 西药疗法

病猪在保定笼里用结实的绳子进行保定，保持前低后高的姿势，尾牵向一侧。用1%盐酸普鲁卡因液20毫升进行腰间硬膜外腔麻醉，这是整复能否顺利进行的关键。术者需将自己的手指、手腕、手臂洗净消毒，修剪指甲并磨平。用温热的0.1%高锰酸钾或0.1%新洁尔灭清洗母猪外阴部及其周围，除去脱出子宫表面的污物、瘀血，剥除痂块。用食醋浸透的热毛巾裹敷子宫脱出部15~20分钟，期间注意逐次添加食醋。待脱出部体积变小，用温热毛巾擦干，涂抹油性抗生素软膏。向阴道灌注没有刺激性的温热消毒防腐药液，借助药液的压力，大部分脱出的子宫会复位。

七、母猪乳腺炎

母猪乳腺炎是由各种病因引起的乳房的炎症，其主要特点是乳汁发生理化性质及细菌学变化，乳腺组织发生病理学变化。临床上以乳腺出现肿大及疼痛，拒绝仔猪吃乳为特征。

【病因】 猪舍卫生条件不良，乳头被未剪乳牙的仔猪咬伤，以及地面不平过于粗糙，使乳房受到挤压、摩擦而受伤，造成大肠杆菌、链球菌、葡萄球菌或绿脓杆菌等病原菌侵入而引起乳腺炎。此外胎衣不下、产后急性子宫内膜炎也可继发乳腺炎。

【临床症状】

(1) 急性乳腺炎 病猪精神沉郁，无食欲，体温升高，乳房潮红、肿胀、水肿，触诊有热感和疼痛反应。由于乳房疼痛，母猪拒绝仔猪吮乳，仔猪健康状况迅速恶化。大部分病例发生在产后1~3天，乳汁极少或完全没有乳汁。

(2) 慢性乳腺炎 患病乳腺组织弹性降低，有硬结。乳汁稀薄，呈黄色，含有乳凝块。有些病例由于结缔组织增生而变硬，致使丧失泌乳能力。多数病例无全身症状。

【中兽医辨证】 治宜清热解毒，散瘀痛经。

【预防】 预防本病，首先要搞好猪舍卫生，及时给仔猪剪断乳牙，防止母猪的乳房受到任何损伤。母猪在分娩前及断乳前3~5天，应减少精料及多汁饲料，以减少乳腺的分泌，同时应防止给予大量发酵饲料。

【良方施治】

1. 中药疗法

方1 蒲公英、丝瓜络各15克，金银花12克，连翘、通草、芙蓉花各9克。用法：共研末，开水冲调，候温一次灌服，连用3~5天。脓肿已成者，尽早切开，外科处理。

方2 紫花地丁120克、萱草根60克、丝瓜络半个。用法：水煎服，每天1剂，连服3～4天。

方3 虎杖30克、杏香兔耳风35克、党参40克、王不留行30克、穿山甲25克。用法：水煎去渣喂服，连用3～5天。

方4 鲜鱼腥草100～150克（干品减半）、铁马鞭50～100克。用法：加2～3倍清水煎熬，煎液连同药渣拌料喂服。

方5 蒲公英30克、金银花25克、连翘20克、丝瓜络30克、通草12克、芙蓉花16克、穿山甲13克。用法：煎汤，候温灌服。

方6 黄花地丁60克，紫花地丁、芙蓉花各50克，大蓟40克。用法：煎汁喂服，每天1剂，连用3～5天，其药渣敷患处，或者用鲜品绞汁内服，渣捣烂外敷。

方7 蛇莓60克。用法：煎汁加黄酒内服，药渣和米饭捣烂敷患处，连用3～5天。

方8 蒲公英47克、泽兰25克、白芷20克。用法：水煎服，连用3～5天。

方9 蒲公英、忍冬藤各30克。用法：水煎加酒适量内服，连用3～5天。

2. 西药疗法

方1 局部外敷：初期冷敷，后期热敷。

方2 10%鱼石脂酒精或10%鱼石脂软膏外敷。

方3 给母猪肌内注射青霉素160万单位和链霉素0.5克，每天2次，连用3天。也可选用新霉素、土霉素、氨苄青霉素（氨苄西林）或磺胺类药物。可同时用0.25%～0.5%盐酸普鲁卡因溶液50～100毫升，加入青霉素10万～20万国际单位在乳房实质与腹壁之间进行封闭疗法。用于急性乳腺炎。治疗时，先隔离仔猪由其他母猪代养或人工哺乳。

方4 可先挤出乳汁，再进行乳房基部封闭疗法。同时按摩或热敷乳房后涂上10%鱼石脂软膏或10%樟脑软膏或碘软膏。在治疗期间可静脉注射10%葡萄糖酸钙液100毫升，有良好的辅助治疗作用。用于慢性乳腺炎。

八、母猪胎衣不下

一般在母猪分娩后经10～60分钟即可排出胎衣，胎衣一般分2次排出，若胎衣较少，往往分数次排出。如果产出后3小时未排出胎衣，或者只排出一部分，就属于胎衣不下。临床上以产后不见胎衣排出而长时间排出恶露，或者部分胎衣悬垂于阴门之外为特征。

【病因】　胎衣不下的原因主要有以下几种：①子宫收缩无力。由于妊娠期饲料单一，营养不足（如缺乏钙盐等无机盐），或者过分使母猪瘦弱或过肥，以及妊娠后期运动不足等引起子宫弛缓。②胎儿胎盘与母体胎盘粘连。当子宫内膜及胎盘炎症时，胎儿胎盘与母体胎盘发生粘连，引起胎衣不下。布鲁氏菌病猪可见到此种现象。此外，胎儿过大、难产等也可继发产后子宫收缩微弱而引起胎衣不下。

【临床症状】　母猪每个子宫角内的胎囊的绒毛膜端凸入另一个绒毛膜的凹端，彼此粘连形成管状，分娩时一个子宫角的各个胎衣往往一起排出来。母猪产仔后应及时检视每个胎衣的脐带断端数与分娩仔猪数是否相符。若有缺少，即说明胎衣滞留。母猪分娩后 3 小时，胎衣部分或全部滞留在子宫内，也有胎衣悬挂于阴门之外。初期没有明显症状，随着病程延长，胎衣在子宫内滞留时间过久，发生腐败分解，引起全身症状，母猪不断努责，精神不安，食欲减少或消失，从阴门流出暗红色或红白色带有臭气或恶臭的排泄物。胎衣不下可伴发化脓性子宫内膜炎及脓毒败血症，后者常能引起母猪死亡，临床上需及时治疗。

【中兽医辨证】　治宜活血化瘀，通利下胞。

【预防】　预防本病的主要措施是加强妊娠母猪的饲养管理，喂给全价饲料，每天适当运动，防止母猪消瘦或过肥，使其肌肉收缩力正常，防止子宫收缩无力。

【良方施治】

1. 中药疗法

当归、香附各 15 克，川芎 10 克，红花、桃仁各 6 克，炮姜 9 克。用法：水煎，一次灌服，连用 3 天。

2. 西药疗法

当母猪分娩后发生本病时，可一次性皮下注射垂体后叶素或催产素注射液 10～50 单位，常能促使胎衣排出。也可皮下注射麦角新碱 0.2～0.4 毫克。为了提高子宫收缩的兴奋性，促使胎衣排出，可同时静脉注射 10% 氯化钙注射液 20 毫升，或者 10% 葡萄糖酸钙液 50～150 毫升。药物治疗无效的，体型大的母猪可采用剥离胎衣的方案。剥离前，应先给母猪外阴部消毒，然后将经消毒并涂油的手（可戴长臂乳胶手套）伸入子宫内，轻轻剥离和拉出胎衣，最后投入金霉素或土霉素胶囊 0.5～1 克，或者将金霉素或土霉素 1 克加入蒸馏水中，注入子宫内。当胎衣腐败时，先用0.1%高锰酸钾溶液500～1000毫升冲洗子宫，并将洗液全部导出，然后注入抗菌药物，如此连续几天。但一般情况下不宜采用药物冲洗，以免引起子宫弛缓而影响子宫复原。

九、母猪卵巢囊肿

母猪卵巢囊肿是猪生殖器官疾病中比较常见的一种。卵巢囊肿分为卵泡囊肿和黄体囊肿两种。卵泡囊肿是由于卵泡上皮变性，而卵泡壁结缔组织增生变厚，卵细胞死亡，卵泡液未被吸收或增多而形成的。黄体囊肿是由于未排卵的卵泡壁上皮黄体化而形成的，称为黄体化囊肿；或是正常排卵后由于某些原因，黄体化不完全，在黄体内形成空腔，腔内聚积体液而形成的，称为囊肿黄体。猪主要是形成黄体囊肿。

【病因】 卵巢囊肿发病的原因目前虽然尚未完全查明，可能与内分泌失调有关，即促黄体素分泌不足或促卵泡素分泌过多，使排卵机制和黄体的正常发育受到扰乱。从实践来看，下列因素可能影响排卵机制：①饲料中缺乏维生素A或含有大量的雌激素；②垂体或其他激素腺体机能失调及使用激素制剂不当（如注射雌激素过多）；③子宫内膜炎、胎衣不下及其他卵巢疾病可以引起卵巢炎，使排卵受到扰乱，继发囊肿。

【临床症状】 卵泡囊肿的主要症状是病猪进行无规律的频繁发情和持续发情，甚至出现慕雄狂。黄体囊肿则表现为长期不发情。为体型较大的猪进行直肠检查时，可在子宫颈稍前方发现卵巢上葡萄状的囊肿物。多数病例是一侧性的，但也有两侧交替发病的。卵巢上有一个或几个大而出现波动的卵泡囊，卵泡囊表面光滑，外膜厚薄不匀。壁薄的有波动感；壁厚的呈葡萄状，无波动感。如果出现多数小的囊肿，则感觉卵巢表面上有许多富有弹性的小结节。

【预防】 改善饲养管理条件，消除病因。

【良方施治】

1. 中药疗法

方1 马兰、梵天花、茵陈草各20克，金樱子蔸250克，黄竹叶（烧灰）100克。用法：将前4味药煎水，放入黄竹叶灰并混入饲料，一次内服，连用3天。

方2 阳起石、淫羊藿、卷柏各25克。用法：煎水，一次内服，连用3天。

2. 西药疗法

方1 联合或单独应用促黄体生成素和绒毛膜促性腺激素，一般在注射黄体生成素后3~6天，囊肿即形成黄体，症状消失，恢复发情，发情后再注射绒毛膜促性腺激素。卵巢若无变化，可重复一个疗程。

方2 肌内注射黄体酮，每天或隔天1次，连用2~7次。在治疗的同时，补喂碘化钾，待发情后再注射垂体前叶促性腺激素。

十、公猪阳痿

【病因】 多因饲养不良、营养不足、配种过度、精液耗损过多所致。

【临床症状】 病猪喜卧，吊腹，四肢无力。在配种或采精时，公猪阴茎不能勃起或勃起无力，虽然反复爬跨，但不能完成配种过程。饲养管理不当引起的公猪阳痿，病猪身体瘦弱、精神萎靡、行动缓慢，缺乏性欲。

【中兽医辨证】 治宜补肾壮阳、健脾。

【良方施治】

1. 中药疗法

方1 淫羊藿28克，党参、菟丝子25克，戟天、杜仲、牛膝、肉苁蓉各20克，当归、甘草各15克。用法：水煮，米酒为引，一次投服，每天1剂，连用3~5天。

方2 胎衣（焙干研末）10克、锁阳（焙干）25克、黄芪20克。用法：共研末，加白酒50毫升，开水冲调，混合饲料喂服，每天1剂，7天为一个疗程。

方3 阳起石12克。用法：研末，分2次混饲内服，连喂7~10天。

方4 党参、白术、牡蛎、苁蓉、淫羊藿各12克，黄芪、云苓、远志、杜仲、枸杞、菟丝子、肉桂各9克。用法：煎汤分2次喂服，连用3天。

方5 淫羊藿、阳起石各30克，肉苁蓉、菟丝子、续断各25克，杜仲、黄芪、党参各20克，甘草15克。用法：水煎去渣，候温灌服，每天1剂，连用2~3天。

2. 西药疗法

方1 10%丙酸睾酮1毫升，一次肌内注射，隔天1次，连用3天。

方2 苯乙酸睾酮注射液100克或冻干孕马血清促性腺激素1000国际

单位，皮下或肌内注射，每天1次，连用2～3天。

十一、公猪滑精

【病因】 饲养管理不良，饲料单一、营养不足，配种过度所致。

【临床症状】 早泄，虚瘦，四肢无力，喜卧懒动，精液稀，配种受胎率低。

【良方施治】

1. 中药疗法

方1 人参叶30克，龙骨、煅牡蛎各20克，生地黄、莲心、牡丹皮、甘草、杜仲各15克。用法：水煎一次内服，每天1剂，连用1～3天。

方2 鹿茸注射液8～12毫升。用法：一次肌内注射，每天1次，连用1～3天。

2. 西药疗法

胎盘组织液4毫升，一次肌内注射，每天1次。

十二、公猪死精

公猪死精是指公猪精液中精子成活率降低，死精子超过40%。

【病因】 饲料中缺乏维生素E，亚硒酸钠、蛋白质或氨基酸缺乏，以及饲喂霉变饲料；配种过度或长期不配种；严重应激，如持续高温高湿、阴囊温度调节失控；睾丸、附睾、副性腺发生炎症；发热性疾病引起高烧、创伤、传染病（布鲁氏菌病、衣原体病、钩端螺旋体病、乙脑、蓝耳病、伪狂犬病、圆环病毒病等），以及长期大量使用抗生素、注射疫苗或驱虫等因素都能引起死精。

【临床症状】 精液中精子成活率降低，死精子超过40%。

【良方施治】

中药疗法如下：

方1 淫羊藿10克、肉苁蓉15克、山药20克、枸杞12克、龟板20克、巴戟天12克、菟丝子15克。用法：水煎去渣，取汁拌料，每天1剂，分早晚喂服，连用2～3天。

方2 淫羊藿、阳起石各30克，肉苁蓉、菟丝子、续断各25克，杜仲、黄芪、党参各20克，甘草15克。用法：水煎去渣，候温灌服，每天

1 剂，连用 2 ~ 3 天。

方 3　天麻 125 克，淫羊藿 100 克，五味子、杜仲、牛膝各 75 克。用法：上药用 50 度白酒 2500 毫升浸泡 7 天，200 千克以上的猪每服 200 毫升，200 千克以下的猪每服 150 毫升，每天 2 次，连用 2 ~ 3 天。

第五章

猪常用中药饲料添加剂

第一节 中药饲料添加剂简介

一、中药饲料添加剂的概念

随着养猪业的发展，饲料添加剂的应用越来越广泛，对促进猪的生长、预防疾病取得了一定成效，大大地提高了养猪水平和效益，但同时也带来了一系列问题。由于大多数复合添加剂都使用了化学合成类的药物（如激素、抗生素、重金属等），在提高生猪生产的同时，畜产品药物残留量增加，直接危害了人类的健康，对环境也造成了危害，引起国内外学者的日益关注。各国都在寻求改进和替代抗生素等的绿色添加剂。为了使人们吃到放心安全的食品，保障人们身体的健康，我国启动了“无公害食品行动计划”，在这种情况下大力开发天然药物、免疫调节剂等绿色环保天然植物作为替代产品，这已成为国内外畜牧领域研发的方向。我国的中兽药以其深厚的理论基础和功能作用广泛、双向调节、副作用少、残留低、无耐药性等特点，成为替代化药、抗菌药的首选。在我国，利用中药作为饲料添加剂已有悠久的历史，如西汉刘安在《淮南万毕术》中记载：“取麻子三升，捣千余杵，煮为羹，以盐一升，著中，和以糠三斛，饲豚，则肥也。”东汉《神农本草经》记载：“桐叶饲猪，肥大三倍，且易养。”明代李时珍在《本草纲目》中记载：“乌药，治猪、犬百病，并可磨服。”中药饲料添加剂是指以中兽医理论为指导，利用中药材的多成分与多功能的特点，遵循中药学的四气、五味、升降沉浮等规律，合理配伍，辅以饲养和饲料工业等学科理论技术而制成的纯天然饲料添加剂。该类添加剂最突出的优点是以提高动物生产性能和饲料利用率为目标，而以确保人体健康为最终目的的纯天然饲料添加剂。中药饲料添加剂多数以天然植物为原料，其作用方式独特、效果良好、毒副作用甚微、无残留、无抗药性、无污染，有促进动物消化吸收、提高饲料转化率和生产性能、防治疾病、改善动物健康状况、调节机体非特异性免疫功能等良好的作用，因而中药饲料添加剂在养猪业中的研究与应用受到广泛重视。

二、中药饲料添加剂的分类

目前，尚无中药添加剂分类的统一标准。中药来源于植物、动物和矿物，按药材来源，可将中药饲料添加剂分为植物类、动物类和矿物类饲料添加剂 3 种。其中植物类中药所占比例最大，其次为矿物类中药，而动物类中药则相对较少。按原料类型可分为原产物、加工提取物、副产物 3 类。原产物为天然产物，经过清洗、干燥、传统炮制、粉碎等简单加工制成的饲料添加剂。加工提取物是指天然产物经过提取、精制而成的饲料添加剂，如松针活性提取物、黄芪多糖等。副产物是指中药经加工利用后的剩余部分，如党参茎叶、人参渣、沙棘果渣等。按中药饲料添加剂的作用可分为防病保健、增强免疫、抗微生物、驱虫、抗应激、激素样作用、增食、催肥、促生殖、增乳、改进产品质量、饲料保藏等类。胡元亮教授将中药饲料添加剂分为以下 4 类：①保障动物健康类，即增强动物体抗病力和防治动物疫病，是中药饲料添加剂的主要用途之一。具体包括增强免疫、抗菌驱虫、健胃消食、养血安神、抗应激、抗过敏、止泻、止血、止咳平喘等。②增加动物产品产量类，主要用于促进动物的生长发育和生殖，提高肉、蛋、奶及经济动物产品（如毛、皮、绒）的产量。具体包括催肥增重、催情促孕、增乳、增蛋、增毛、增绒等。③提高动物产品质量类，主要用于改善肉、蛋、奶的风味、色泽和营养物质的含量。具体包括改善肉质、蛋质和乳质等。④改善饲料品质类，主要用于改善饲料营养、刺激动物食欲、延长饲料贮存期。具体包括补充营养、增香除臭、防腐保鲜等。

三、中药饲料添加剂的作用机理

目前，中药饲料添加剂在猪体内的作用机理还不甚清楚，一般认为其促生长作用与其诱食促消化、增强机体免疫功能、抑菌驱虫、双向调节及改善饲料品质等作用密切相关。

1. 诱食，提高饲料适口性，促进消化

许多中药具有特殊的香味，既能矫正饲料的味道，改善饲料的适口性，促进动物消化液的分泌，增加消化酶的活性，促进肠管蠕动，又能减少畜舍臭味，改善畜舍环境，促进动物健康生长发育，降低饲料系数。朱仁俊等将贯众、陈皮、黄芪等复方提取物，按0.1%的比例添加到饲料中，可使仔猪消化酶活性提高，其中十二指肠及空肠内容物中常规消化酶（淀粉酶、脂肪酶、胰蛋白酶、胰凝乳蛋白酶）活性显著提高，空肠及空肠黏膜二糖酶（麦芽糖酶、异麦芽糖酶、蔗糖酶、乳糖酶）活性明显提高。唐建安等研究表明，中药提取液可使肠道收缩加快加强，有利于肠道内容物与消化液充分接触，并促进胃排空，这也是一些中药，如神曲、麦芽、山楂、陈皮、青皮、苍术等提高仔猪食欲的原因之一。

2. 增强机体免疫功能，提高其抗病力

动物机体的免疫能力是机体抗御和清除微生物和有害物质，以保持和恢复正常生理功能的能力。现代研究表明，中药能对机体的神经、体液和细胞分子水平进行全方位的调节，从而起到调节作用。黄志坚的试验表明，添加中草药添加剂可提高总蛋白、白蛋白的含量，提高断乳仔猪的机体抗体水平，减少腹泻疾病的发生，改善仔猪生产性能。宋延飞等报道，在饲料中添加中草药添加剂可提高猪体内IGG、IGM、IGA的水平，增强猪体的抵抗力，有利于断乳仔猪的生长发育。另有试验表明，黄芪、当归、茯苓、柴胡等提取物能显著抑制猪肠道中的主要致病菌，分别可将仔猪血液中cAMP及cAMP/cGMP含量提高164.07%和55.79%，IGG含量升高58.7%，对促进仔猪的免疫机能具有重要意义。

3. 抑菌驱虫抗病毒作用

天然中药防治病症的机理是“扶正祛邪”或“祛邪扶正”。“正”指正气，即保证健康的正常功能和消除致病因素的抗病能力；“邪”指邪气，即一切影响健康并引起生理功能紊乱和致病的因子（含化学、物理及生物因子）。因而，天然中药防病和保健的机理是调动机体一切有利因素，提高免疫功能和防御机能，祛除病邪，康复机体。天然中草药在抗微生物的作用方面同样是这个作用机理。临床上广谱抗菌的中草药剂常用药有黄连、鱼腥草、大青叶和板蓝根、黄柏、金银花、连翘、黄芩、大蒜等。枸杞等有刺激造血功能而抗菌；灵芝等有促进脾脏功能而抗菌。此外，丹参、桔梗、当归、大蒜、金银花、穿心莲、黄连、灵芝等，可使吞噬细胞消化、溶解细菌，达到直接杀菌的作用；大蒜等能使细菌不能进行生物氧化作用，使细菌巯基失活，达到抗菌作用。此外，槟榔、贯众、使君子、百部、南瓜子、硫黄、乌梅等对绦虫、蛔虫、姜片虫、蛲虫等具有增强机体抗寄生虫侵害能力和驱除体内寄生虫的作用。

4. 增加动物产品中的营养物质

中药成分极其复杂，许多中药富含蛋白质、氨基酸、糖类、脂肪、矿物质、维生素、常量元素和微量元素等营养成分，添加入饲料中可补充和完善、平衡饲料的营养成分，使饲料趋向全价化，满足动物的营养需要，使饲料在动物机体中得到充分消化、吸收和利用，提高动物产品的数量和质量。例如，当归含蔗糖4%及微量元素铁400毫克/千克、铜6毫克/千克、锌17.5毫克/千克等；党参茎叶含18种氨基酸，总量达5.2%；小茴香具有维生素A样作用，当归、续断等具有维生素E样作用，黄芩、桑寄生、陈皮等具有烟酸样作用。再如，单味松针粉中含有粗蛋白质、18种氨基酸、多种维生素及钙、磷、钠、钾、锰、镁、铁、锌、铜、钴、硒、钼12种常量元素与微量元素，还含有植物杀菌素、挥发油、促长因子等活性物质，鲜松针烘干或阴干品按2%~5%添加入猪饲料中，可促进其生长发育，提高受精率、产仔率。在肥育猪饲料中添加0.16%的干辣椒粉可使猪增重14.5%，饲料消耗降低12.65%，经济收入增加12.29%。

5. 抗应激

在养猪过程中常见的应激性疾病主要有猝死综合征和应激综合征。前者主要是由于抓捕、惊吓、注射产生的，常常是猪不见任何症状，突然死亡。后者是由于运输应激、热应激、拥挤应激等原因产生的，主要症状是早期肌肉震颤、颤抖，继而呼吸困难，心悸，皮肤出现红斑或紫斑，最后衰竭死亡。目前对应激综合征实无良策，但在研究中草药后，发现刺五加、人参、延胡索等有提高机体抵抗力及调节缓和应激原的作用；黄芪、党参等有阻止应激反应警戒期的肾上腺增生和胸腺萎缩，以及阻止应激反应的抵抗期、衰竭期出现的异常变化，而起到抗应激的作用；柴胡、石膏、黄芩、鸭跖草、地龙、水牛角等有抗热应激的作用等。

6. 提高动物产品风味

人们总觉得人工集约化养殖的猪产品的风味比野生的或开放式养殖的动物产品的风味差。中药添加剂中的活性成分通过对摄入体内的营养素的调控，增加蛋白质的沉积而减少脂肪的沉积，从而改善猪胴体品质和肉品质。日本的试验结果表明，在当地白猪饲料中添加适量茶叶，猪育肥屠宰后，白猪原有的独特腥臊味大幅度降低，而且肉中维生素E的含量是一般猪肉的3倍，猪肉中所含的次黄嘌呤核苷酸比一般猪肉多，烹调后香鲜味大幅度提高，成为“茶美豚”。中药紫苏叶中富含α-亚麻油酸，此脂肪酸对人体健康十分有益。日本福岛县畜产试验场的科研人员石川雄浩，在生猪上市屠宰前一个月开始，在猪饲料中添加适量紫苏叶，结果可使猪肉中的α-亚麻油酸含量比对照组猪增加1.9%~3.7%，肌肉中胆固醇有所下降，此猪肉可为保健型猪肉。

7. 防止饲料霉变

我国是最早使用中草药作为防霉剂的国家，已经证明某些芳香性中药不仅具有较好的防腐防霉作用，而且能去除霉菌毒素或降低其活性。孙红祥等（1999）报道，陈皮、藿香、艾叶和桂皮等均有明显的抗霉菌活性，能有效抑制黑曲霉、短帚霉、土曲霉、焦曲霉等霉菌。日本有资料报道，柑橘皮精油与丙酸配合添加于饲料添加剂或直接添加于饲料中具有高度抑菌作用。目前，日本已发明了用聚烯烃树脂做成的饲料防霉包装袋，该包装袋含有0.01%~0.05%香草醛。可见，中草药对于防止饲料霉变具有良好的效果。

8. 激素样作用，促进泌乳与生殖

已发现淫羊藿、人参、虫草等有雄性激素样作用，香附、当归、甘草、补骨脂、蛇床子等有雌性激素样作用，而细辛、附子、吴茱萸、高良姜、五味子等有肾上腺素样作用，水牛角、穿心莲、秦艽、雷公藤等有促肾上腺皮质激素样作用，酸枣仁、枸杞子、大蒜等有胆碱样作用。张鹤亮等在母猪产后10天内的日粮中添加2.5%中药饲料添加剂乳泉I号（由黄芪、当归、王不留行等9味中药组成），仔猪20日龄窝重和35日龄断乳重分别提高25.59%和25.90%，仔猪断乳个体重提高18.56%，哺乳期平均日增重提高22.76%，哺乳期仔猪成活率提高8.0%。谷新利等筛选出纯中药制剂催乳1号治疗产后缺乳母猪，可使缺乳母猪在产后2周内泌乳量迅速上升，提前1周出现泌乳高峰，日泌乳量提高35%左右。有些中药有促进乳腺发育、乳汁合成与分泌，增加泌乳量的作用，如王不留行、四叶参、通草、马鞭草、鸡血藤、刺蒺藜等。喻春元等用松针粉饲喂妊娠母猪，每窝多产仔0.85头，增加产活仔数1.6头，减少死胎0.74头；仔猪初生窝重增加3.08千克，活产仔猪平均初生个体重增加0.1千克。例如，龙翔等给种公猪饲喂12克/天中药饲料添加剂后分别在10~18天和19~

30 天内检测精液量、精子密度、精子存活率，均与对照组差异极显著，顶体异常率、精子畸形率差异显著；停止使用中药饲料添加剂后 10 天，再次检测精子量、精子密度、精子活率、顶体异常率，两组间差异显著。

第二节　猪常用中药饲料添加剂方

一、增重催肥方

1. 催肥散（1）

【方源】《豳风广义》，原无方名。

【组成】贯众 90 克（若以驱虫为主要目的，贯众用量可加大），苍术 120 克，炒黄豆 5000 克，芝麻（炒）500 克。

【功效】驱虫除湿，养营催膘。用作猪饲料添加剂。

【用法】研末，每天 30 ~ 50 克，拌入饲料内饲喂。

2. 肥猪菜（1）

【方源】《中华人民共和国兽药典》。

【组成】白芍 20 克，前胡 20 克，陈皮 20 克，滑石 20 克，碳酸氢钠 20 克。

【功效】健脾开胃，增强食欲，促进生长。

【用法】粉碎为末，过筛，混匀，在饲料中添加，每次 25 ~ 50 克，每天 2 次。

3. 壮膘添肉方散

【方源】自《活兽慈舟》。

【组成】胡麻 500 克，酒曲 120 克，食盐 250 克，陈皮 500 克，砂仁 30 克。

【功效】开胃起膘。用作猪饲料添加剂。

【用法】研末，每天 30 ~ 50 克，混入饲料中喂猪。

4. 催肥散（2）

【方源】《猪病中药防治》。

【组成】山楂 10 克，麦芽 20 克，陈皮 10 克，槟榔 10 克，苍术 10 克，木通 8 克，甘草 6 克。

【功效】 消食理气，开胃促食。用于促进猪的增重育肥。

5. 肥猪菜（2）

【方源】 《广东省兽药暂行质量标准》。

【组成】 白芍、陈皮、天香炉、小苏打（碳酸氢钠）、滑石粉等份。

【功效】 化滞利便。主治猪食欲不振。

【用法】 研细末，10～25 千克的猪每次拌料喂服 30 克，5～10 千克的猪每次 10～20 克。

6. 肥猪散

【方源】 《中华人民共和国兽药典》。

【组成】 绵马贯众、制何首乌各 20 克，麦芽、黄豆各 500 克。

【功效】 开胃，驱虫，补养，催肥。用于食少、瘦弱、生长缓慢猪。

【用法】 共研末，按每头猪 50～100 克拌料饲喂。

7. 增重散

【方源】 《畜牧兽医杂志》2006 年第 2 期。

【组成】 硫黄、茵陈、何首乌、远志、党参、小苏打（碳酸氢钠）各 1 千克，贯众、麦芽、当归各 1.5 千克，苍术 2 千克，木香 0.8 千克，红花 0.5 千克，熟石灰 5 千克，食盐 10 千克。

【功效】 促生长，壮骨强身。用于促进猪只增重。

【用法】 将硫黄、熟石灰和食盐入铁锅内炒燃，熄灭，过筛；将除小苏打（碳酸氢钠）外的其他药粉碎后过筛；加入小苏打（碳酸氢钠），混匀。

8. 芪乌三仙散

【方源】 《饲料研究》。

【组成】 贯众 8%，苍术、枳实各 6%，桑白皮、何首乌、黄芪各 10%，山楂、神曲各 15%，麦芽 20%。

【功效】 益气健脾，开胃消食。用于仔猪增重和保健。

【用法】 共研细末，混匀，在仔猪饲料中添加 2%。

9. 育肥散

【方源】 《中兽医药研究文集》。

【组成】 苍术、当归、首乌、山楂、麦芽、建曲、党参、陈皮、黄芪各 25 克，苦参、羌活、红花、防风、川芎各 15 克。

【功效】 健脾消食，补血活血。用于猪快速育肥。

【用法】 上药共研细末，混匀，在仔猪饲料中添加2%。

10. 养猪追肥方

【方源】《卫济余编》。

【组成】 贯众、何首乌各30克，麦芽、黄豆各500克，食盐30克。

【功效】 避疫驱虫，增加营养。主治僵猪，用于混饲催肥。

【用法】 贯众、何首乌、麦芽、黄豆共研末，加食盐拌匀，每天每头用100克混入饲料内饲喂。

11. 复合添加剂

【方源】《畜牧与兽医》。

【组成】 吴茱萸15克，大黄、麦芽、山楂各20克，陈皮、五味子、酵母粉各10克。

【功效】 消食健胃。用于提高猪日增重和饲料报酬。

【用法】 干燥，粉碎，混匀。在基础日粮中添加0.6%。

12. 中药生长素复方

【方源】《饲料添加剂应用技术》。

【组成】 贯众600克，神曲750克，苍术、秦皮、苏子、枳实、桑白皮各500克，人工盐1000克，畜用生长素1000克。

【功效】 健脾开胃，燥湿杀虫。促生长，防疾病。

【用法】 中药烘干后粉碎，过60目筛，与人工盐、畜用生长素混匀。在日粮中每天添加50~100克，连续饲喂30天。

13. 强壮散

【方源】《中华人民共和国兽药典》。

【组成】 党参、黄芪各200克，六神曲、麦芽、山楂（炒）各70克，茯苓150克，白术100克，草豆蔻140克。

【功效】 益气健脾，消积化食。用于增强食欲，增膘强壮。

【用法】 粉碎，过筛，混匀。在饲料中添加30~50克。

14. 仔猪饲料添加剂

【方源】《黑龙江畜牧兽医》。

【组成】 山楂、麦芽各20克，陈皮、苍术、黄精、白头翁、板蓝根各10克，大蒜、生姜各5克。

【功效】 开胃健脾，理气消导，涩肠止泻。用于促进仔猪生长。

【用法】 晒干，粉碎呈细末，混匀。在日粮中添加1%。

二、改善猪肉风味方

1. 味儿美

【方源】《黑龙江畜牧兽医》2006 年第 9 期。

【组成】山楂，陈皮，五味子，枸杞子，红枣，干姜等。

【功效】健脾开胃，改善和提高猪肉风味和品味。

【用法】上药按一定比例混合，粉碎后按 0.1% 的比例混入饲料中拌料饲喂。

2. 黄芪当归散

【方源】《现代牧业》2007 年第 12 期。

【组成】大蒜素、白术、黄芪、当归、鹿茸、神曲等。

【功效】开胃健脾，补气血。具有改善冻藏猪肉肉质和风味的功效。

【用法】上药粉碎后按一定比例混匀，按 1% 的剂量混入饲料中拌料饲喂。

三、消食开胃方

1. 仔猪壮

【方源】《饲料研究》

【组成】党参、山楂、乌贼骨各 200 克，山药 150 克，苍术、神曲各 100 克，厚朴、枳实、枳壳、白头翁、甘草各 50 克。

【功效】健脾理气，消食。用于促进仔猪生长。

【用法】干燥，粉碎，混匀。可供 1 窝 8 ~ 10 头仔猪 20 天用。在饲料中添加，先少量，待仔猪习惯后，增至每餐 2 匙。

2. 健胃散

【方源】《畜禽疾病处方指南》（第 2 版）。

【组成】山楂、麦芽、神曲各 15 克，槟榔 3 克。

【功效】消食下气，开胃宽肠。用于伤食积滞，消化不良。

【用法】干燥，粉碎，混匀。每次口服 30 ~ 60 克。

3. 仔猪健胃酊

【方源】《饲料添加剂应用技术》。

【组成】　橙皮酊、龙胆酊、大黄酊等。

【功效】　健胃宽肠。用于促进仔猪生长，并可预防泻痢症。

【用法】　按中药酊剂制法进行，并按比例混匀。1～60 日龄仔猪按每头 5 毫升加入日粮中，分 2 次饲喂。

4. 平胃散

【方源】　《中国兽医秘方大全》。

【组成】　苍术、陈皮、厚朴各 15 克，甘草 3 克，生姜少许。

【功效】　燥湿健脾，行气和胃。用于猪胃寒食少。

【用法】　苍术、陈皮、厚朴、甘草共研细末，生姜煎水，调匀。混入饲料中喂服。50 千克的猪每天 1 剂，分 2～3 次饲喂。

四、增强免疫方

1. 猪增重抗病添加剂

【方源】　《中国兽医秘方大全》。

【组成】　何首乌、贯众、陈皮各 100 克，麦芽、山楂、建曲、白芍、黄芪、大青叶各 200 克，桐树叶、松针各 300 克。

【功效】　消食健胃，预防疾病，促进生长。

【用法】　共研细末，混匀，按饲料量的 10% 添加。

2. 四君子散

【方源】　《中华人民共和国兽药典》。

【组成】　党参、炒白术、茯苓各 60 克，炙甘草 30 克。

【功效】　益气健脾。可以提高脾胃功能，增膘复壮。主治脾胃气虚。证见体瘦毛焦，精神倦怠，四肢无力，食少便溏，舌淡苔白，脉细弱等。现代药理研究表明，本方具有加速红细胞生成、调节神经系统功能、促进内分泌腺的活动、提高肝糖原、抗休克、加强机体免疫功能、抗脂质过氧化等作用。

【用法】　共研末，30～45 克，开水冲调，候温灌服，或者水煎服。

3. 玉屏风散

【方源】　《世医得效方》。

【组成】　黄芪 15 克，白术 10 克，防风 5 克。

【功效】　益气固表止汗。主治表虚自汗及体虚易感风邪者。证见自汗，恶风，苔白，舌淡，脉浮缓。现代临床常用于表虚卫外不固所致的感冒、多汗证。现代药理研究证明，本方具有提高机体免疫功能和一定的抗菌、抗病毒的作用。

【用法】 共研末，开水冲调，候温灌服，或者水煎服。

4. 补中益气散

【方源】《中华人民共和国兽药典》。

【组成】 炙黄芪 90 克，党参、白术、当归、陈皮各 60 克，炙甘草 45 克，升麻、柴胡各 30 克

【功效】 补中益气，升阳举陷。主治脾胃气虚及气虚下陷诸证。证见精神倦怠，发热，汗自出，口渴喜饮，粪便稀溏，舌质淡，苔薄白或久泻脱肛、子宫脱垂等。研究表明，本方对改善机体蛋白质代谢、防止贫血的发展、增强体力均有良好的作用；对在体或离体子宫及其周围组织有选择性兴奋作用；对小肠蠕动有双向调节作用；具有增强机体网状内皮系统吞噬功能和促进机体非特异性免疫功能及细胞免疫功能的作用等。

【用法】 粉碎，过筛，混匀。在饲料中添加，每头每次 45～60 克。

五、提高种猪繁殖性能方

1. 发情散

【方源】《中兽医医药杂志》1988 年第 3 期。

【组成】 淫羊藿、阳起石各 30 克，肉桂、当归、熟地、山药、黄芪各 20 克。

【功效】 温肾助阳，益气补血。主治母猪不发情。

【用法】 研末，拌料喂服。

2. 归附地黄散

【方源】《中兽医猪病医疗经验》，原无方名。

【组成】 当归 15 克，香附升 2 克，山药 15 克，鳖甲 10 克，红花、熟地、沙参各 15 克，云苓、白术、川芎、杜仲、续断各 12 克。

【功效】 暖宫祛寒，滋阴益肾。主治母猪久不发情。

【用法】 月月花兑常酒引，研细末开水冲调，候温灌服。

3. 壮阳催情散

【方源】《中兽医医药杂志》1991 年第 1 期。

【组成】 淫羊藿 500 克，阳起石、益母草各 400 克，菟丝子、枸杞子、熟地、旱莲草、山药各 300 克，通草 100 克。

【功效】 补肾益精，壮阳催情。用于治疗各种生产阶段母猪不发情。

【用法】 粉碎，混合后按每千克体重0.5克拌料饲喂，每天2次，连喂2～3天。

4. 催情散

【方源】 《全国兽医中草药制剂经验选编》

【组成】 当归、熟地、小茴香各30克，川芎、红花、肉桂、艾叶炭各15克，香附、丹参、益母草各21克，白术、白芍各21克，茯苓18克。

【功效】 活血调经，温肾暖宫。主治母猪宫寒不孕，发情不正常。

【用法】 研末，作为舔剂或水调理服，每次30～45克。

5. 催情汤

【方源】 《中兽医学杂志》1983年第1期。

【组成】 当归、熟地、白芍各20克，川芎15克，醋香附20克，红花15克，陈皮、延胡索、茯苓各18克，煨姜30克，艾叶60克。经产母猪产后数月不发情或后备母猪成熟而不发情者，加肉挂、淫羊藿、益母草；发情周期紊乱，延迟发情（属虚寒）者，加干姜、肉桂、补骨脂；提前发情者（属阳盛阴虚），减煨姜、艾叶，加黄芩、黄柏、益母草、甘草。

【功效】 活血通经。主治母猪不孕症。

【用法】 煎汤去渣，候温灌服。

6. 补肾催情汤

【方源】 《中兽医学杂志》1993年第1期。

【组成】 黄芪、党参、肉苁蓉各15克，白术、当归、菟丝子各12克，巴戟天、升麻、甘草各10克。应用时，酌情加减，若气血两虚，证见形体消瘦、食少纳呆、喜卧懒动，可加山药、地黄、补骨脂等；若属肾虚不孕，证见尿液清长、下元虚冷，加肉桂、附子；发情不明显者，加淫羊藿、阳起石、山萸肉。

【功效】 防治母猪产后不孕。

【用法】 粉碎，过筛，混匀后，拌料喂服，每天1剂。

7. 泰山磐石散

【方源】 《中华人民共和国兽药典》。

【组成】 党参、黄芪、当归、川续断、黄芩、白芍、白术各30克，熟地45克，炙甘草12克，砂仁15克。

【功效】 益气健脾，养血安胎。防治气血两虚引起的胎动不安，习惯性流产。

【用法】 粉碎，过筛，混匀。每头每次60~90克。

8. 保胎无忧散

【方源】《中华人民共和国兽药典》。

【组成】 当归、熟地各50克，白芍、枳壳、陈皮、黄芩、紫苏梗各30克，党参40克，白术（炒）60克，川芎、艾叶、甘草20克。

【功效】 补气养血，安胎。用于防治胎动不安。

【用法】 粉碎，过筛，混匀。每头每次30~60克，混于饲料中喂服。

9. 固元保胎散

【方源】《全国中兽医经验选编》。

【组成】 艾叶、大枣各50克，当归、香附、延胡索各25克，党参、黄芪各20克。

【功效】 补气养血，固元保胎。

【用法】 水煎去渣，添加在饲料中，每剂分2次喂给。

六、预防时疫方

1. 夏秋季太平药

【方源】《中兽医猪病医疗经验》。

【组成】 金银花、连翘、大黄、黄芩各15克，雄黄、白矾各6克，苍术、白芷、贯众、建曲各26克。

【功效】 清热开胃健脾，杀虫消积。主治并预防时疫、虫积。

【用法】 将上述各药干燥、粉碎为末，混入饲料喂10头猪，妊娠猪禁用。

2. 黄连解毒汤

【方源】《中华人民共和国兽药典》。

【组成】 黄连30克，黄芩、黄柏各60克，栀子45克。

【功效】 泻火解毒。防治三焦实热，疮癀肿毒。

【用法】 治疗三焦实热、疮癀肿毒可在猪饲料中添加30~50克喂服。在夏秋两季饲料中添加0.5%，常喂，可预防火热症。

3. 冬春季太平药

【方源】《中兽医猪病医疗经验》。

【组成】 苍术25克，猪牙皂10克，贯众30克，白芷18克，细辛10克，雄黄6克，白矾6克，二活30克。

【功效】 温中散寒，清热燥湿，杀虫消积，通关利窍。主治并预防时疫、虫积。

【用法】 将上述各药干燥、粉碎为末，混入饲料喂10头猪，妊娠猪禁用。

七、抗应激方

1. 抗氧化中药饲料添加剂

【方源】《华东区第十七次中兽医科研协作与学术研讨会论文汇编》，原无方名。

【组成】 金银花、黄芪、茯苓、香味剂等。

【功效】 提高断乳仔猪血清总抗氧化能力，用于仔猪断乳应激反应的发生。

【用法】 金银花、黄芪、茯苓等中草药分别经控温减压提取浸膏，加淀粉干燥后加香味剂混合均匀，制成1克相当于生药4克的成品。

2. 百合鳞茎

【方源】《中药饲料添加剂的研发与应用》。

【组成】 百合的鳞茎。

【功效】 润肺止咳，清心安神，可提高猪抗疲劳、耐缺氧能力。用于提高猪的抗应激能力。

【用法】 干百合研成细粉后，按每100千克体重30克的剂量拌料饲喂，3次/天，或者按1%的比例拌料饲喂。可提高猪只生长和增重速度。

3. 清凉散

【方源】《中国兽医杂志》2007年第9期。

【组成】 藿香、苍术、黄柏、石膏各30克。

【功效】 清热泻火、解表和中、燥湿健脾。可用于猪感受湿热之邪后出现的湿热证，或者夏季高温应激引起的食欲不振、免疫力低下等。

【用法】 粉碎，过筛，混匀。按照2%的剂量拌料喂服。

八、改善饲料品质方

1. 沙棘

【方源】《天然植物饲料添加剂》。

【组成】 沙棘果实。

【功效】 润肺养胃，生津止渴，消食止泻。用于增加饲料维生素、多种氨基酸及微量元素。

【用法】 粉碎，过筛，混匀后按照30～45克/头剂量拌料喂服。

2. 八角茴香粉

【方源】《天然植物饲料添加剂》。

【组成】 胡椒的果实。

【功效】 温中散寒，健胃止痛，下气消痰。可作为饲料调味诱食类添加剂。

【用法】 粉碎，过筛，混匀后按6克的剂量拌料喂服。

3. 松针粉

【方源】《中药饲料添加剂》。

【组成】 松针粉。

【功效】 松针中不仅含有丰富的营养物质，还有黄酮、激素、萜类化合物等生物活性物质。添加松针粉喂猪，可克服一般农家饲料和市售预混料中蛋白质含量偏低的缺点，并能有效地刺激猪的食欲，促进消化吸收和新陈代谢，提高饲料利用率，加速猪的生长发育。

【用法】 松针粉是将从松树上修剪下来的幼嫩枝条和针叶收集起来，经过干燥、粉碎而成。在肥育猪的日粮中添加3%～5%的松针粉，或者按每天2克/千克体重添加。在种公猪饲料中添加4%的松针粉，可促进精液的生成，精液量提高8%～10%。

使用时用量不可过分加大，当添加比例占饲料的20%～30%时，猪的生长反而受阻，日增重会出现明显下降。

4. 党参茎叶

【方源】《中草药饲料添加剂的配制与应用》。

【组成】 党参茎叶。

【功效】 党参茎叶中含有挥发油、多种氨基酸、常量及微量元素、生物碱、淀粉等。

【用法】 在仔猪日粮中添加一定比例的本品，可提高仔猪日增重。

九、环境消毒方

1. 七叶避疫香

【方源】《活兽慈舟》，原无方名。

【组成】　黄荆叶、菖蒲叶、贯众叶、陈艾叶、吴萸叶、椿树叶、满山香等。

【功效】　避瘟驱疫。用于猪避瘟疫。

【用法】　以火燃点熏猪栏。

2. 避瘟香

【方源】　《活兽慈舟》，原无方名。

【组成】　雄黄、川芎、苍术、猪牙皂、槟榔各12克，甘松、菖蒲、藿香各15克，细辛、青皮、车前子、降香、丁香各9克，朱砂6克。

【功效】　驱瘟避疫。用于熏蒸栏舍，避六畜瘟疫。

【用法】　研细末，用棉纸裹成直径为1.5厘米、长15厘米的长条，以火燃点熏烟。

3. 消毒香

【方源】　《中兽医医药杂志》1987年第4期。

【组成】　雄黄、菖蒲、苍术、甘松、细辛、降香、槟榔、猪牙皂、藿香、丁香、朱砂、川芎、陈艾、白芷。

【功效】　驱瘟避疫。用于猪舍的消毒。

【用法】　研末，用棉纸裹成直径为1.5厘米、长15厘米的长条，以火燃点熏烟。

4. 猪避瘟药袋

【方源】　《养猪奇招秘术》。

【组成】　贯众、苍术各45克，金银花10克。

【功效】　清热解毒，避瘟防病。

【用法】　将上药装在致密的布袋中，再加外包装，100克/袋。将药袋投入贮水器中，每15天换药1次，换新药袋时，原来药袋仍可继续浸泡使用。若同时放入适量紫皮大蒜，效果更为理想。

参考文献

[1] 胡元亮. 新编中兽医验方与妙用 [M]. 北京：化学工业出版社，2009.

[2] 黄家良，唐诗林. 兽医处方大全 [M]. 南宁：广西科学技术出版社，1996.

[3] 赵兴绪，魏彦明. 畜禽疾病处方指南 [M]. 2 版. 北京：金盾出版社，2011.

[4] 许剑琴. 猪病中药防治 [M]. 北京：中国农业大学出版社，1997.

[5] 史秋梅，吴建华，杨宗泽. 猪病诊治大全 [M]. 2 版. 北京：中国农业出版社，2009.

[6] 张泉鑫. 猪病中西医综合防治大全 [M]. 北京：中国农业出版社，2000.

[7] 胡元亮. 兽医处方手册 [M]. 3 版. 北京：中国农业出版社，2013.

[8] 张泉鑫，朱印生. 中西医结合兽医宝鉴 [M]. 北京：中国农业出版社，2013.

[9] 于船，陈子斌. 现代中兽医大全 [M]. 南宁：广西科学技术出版社，2000.

[10] 张贵林. 土法良方防治猪病 [M]. 2 版. 北京：中国农业出版社，2005.

[11] 王自力，王忠，孙艳争. 生态养猪 [M]. 北京：中国农业出版社，2011.

[12] 汤德元，陶玉顺. 实用中兽医学 [M]. 2 版. 北京：中国农业出版社，2011.

[13] 许剑琴，张克家，范开. 中兽医方剂精华 [M]. 北京：中国农业出版社，2001.

[14] 钟秀会，陈玉库. 新编中兽医学 [M]. 北京：中国农业科学技术出版社，2012.

[15] 秦伯未. 中医入门 [M]. 北京：人民卫生出版社，2003.

[16] 任养生. 中兽医验方妙用 [M]. 北京：金盾出版社，2003.

[17] 褚景生. 中草药防治畜禽传染病 [M]. 石家庄：河北科学技术出版社，2001.

[18] 胡元亮. 中药饲料添加剂的开发与应用 [M]. 2 版. 北京：化学工业出版社，2017.

[19] 高学敏. 中药学 [M]. 北京：人民卫生出版社，2002.

[20] 范开. 中兽医方剂辨证应用及解析 [M]. 北京：化学工业出版社，2006.

[21] 郑守曾. 中医学 [M]. 5 版. 北京：人民卫生出版社，1998.